Wilde Kanten, starke Möbel

George Vondriska

Coole Optik mit Epoxy, Inlays und überraschenden Tricks

HolzWerken

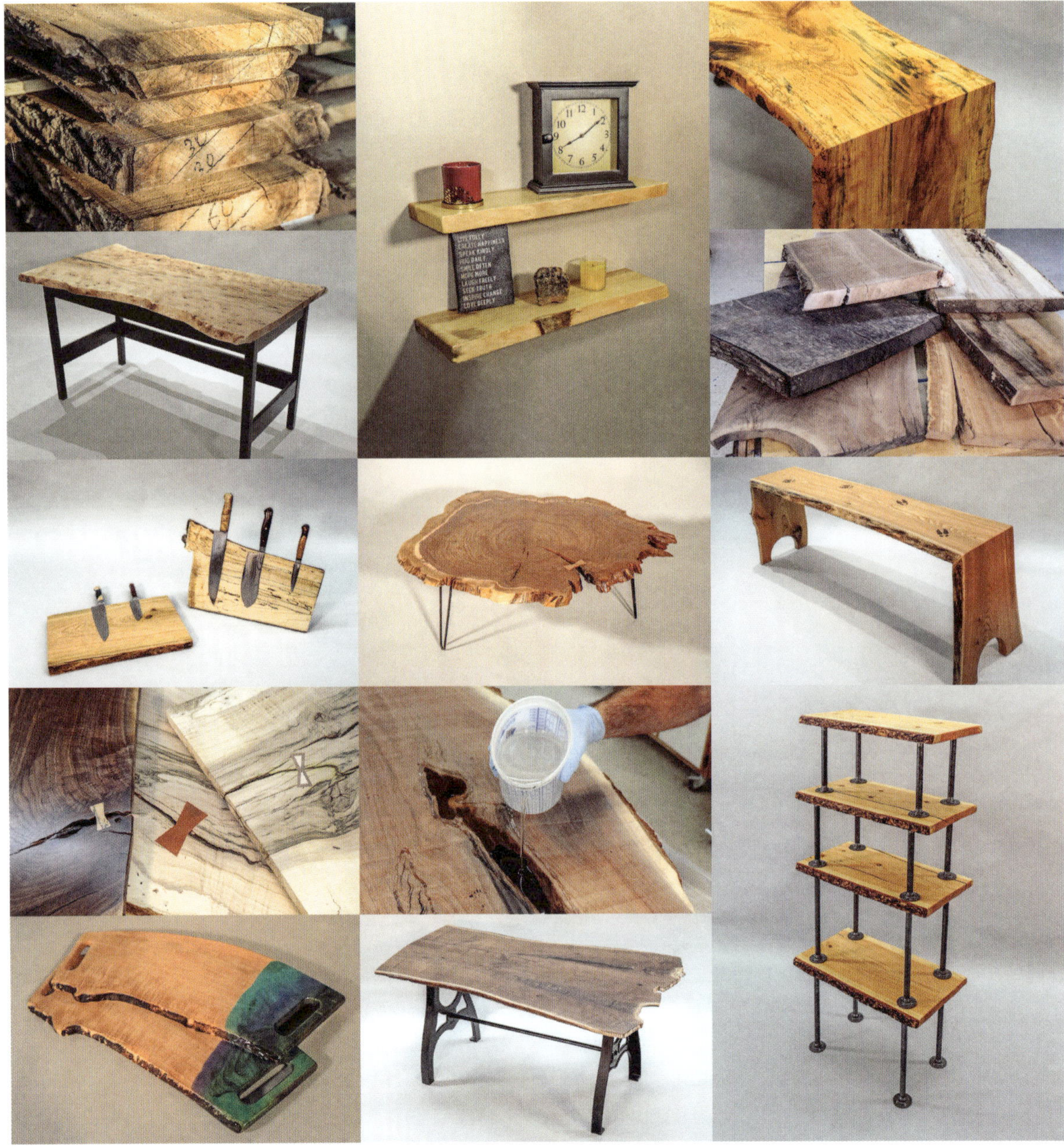
LIVE FULLY
CREATE HAPPINESS
SPEAK KINDLY
HUG DAILY
SMILE OFTEN
HOPE MORE
LAUGH FREELY
SEEK TRUTH
INSPIRE CHANGE
LOVE DEEPLY

Inhalt

07 Einleitung
08 Galerie des Autors

162 Ressourcen
164 Register
168 Impressum

Techniken

12 Vom Stamm zum Rohholz
20 Vorbereitung der Bohlen
32 Epoxidharz und Bohlen
44 Mit Schwalben arbeiten
60 Der Wasserfalleffekt
74 Eigenbau einer Führungshand
76 Oberflächenmittel

Projekte

80 Aufschnittplatten mit Epoxidakzenten
88 Magnetischer Messerhalter
100 Bank mit Rotwildspuren
108 Couchtisch aus einer Baumscheibe
118 Schreibtisch mit lackiertem Gestell
130 Regal mit Stahlrohren
140 Schwebendes Regal
150 Esstisch mit spiegelbildlicher Maserung

Einleitung

Viele Werkstücke aus Holz erfordern Material, das gründlich vorbereitet worden ist, meist sind es Holzbretter, die auf eine bestimmte Stärke und Breite zugeschnitten worden sind. Das Werkstück entscheidet darüber, welches Material verwendet und wie es eingesetzt wird. Bei der Arbeit mit Bohlen mit Baumkante sieht das anders aus. Hier bestimmt nicht das Werkstück die Materialauswahl, sondern die Bohle sagt einem, für welches Vorhaben sie am besten geeignet wäre. Das liebe ich. Eine Bohle mit Baumkante ist immer noch vor allem ein Teil des Baumes, von dem sie stammt. Die Kanten sind unregelmäßig, die Rinde kann noch vorhanden sein, es können Aststellen, Fraßgänge oder Risse im Holz zu sehen sein. Bei konventionellen Werkstücken schneide ich solche ‚Holzfehler' meist heraus. Bei Werkstücken mit Holzkante nehme ich sie gerne an und stelle sie heraus. Die Stücke, die ich aus solchen Bohlen baue, wirken optisch und haptisch, als seien sie immer noch Teil des Baums. Das ist der Grund, warum die Arbeit mit Bohlen mit Baumkante so viel Spaß macht. Jede solche Bohle, die ich anfasse, ist ein wenig anders als die Vorige, und dieser Erkundungsvorgang ist Teil des Vergnügens.

In diesem Buch werden die Bearbeitungsmethoden beschrieben, die man braucht, wenn man die ersten Werkstücke mit Baumkante in Angriff nehmen möchte. Als Ausgangspunkt werden eine Reihe von beispielhaften Stücken vorgestellt. Ich möchte, dass dieses Buch auch in Ihnen die Vorfreude erregt, die ich jedes Mal verspüre, wenn ich eine Bohle mit Baumkante sehe und mit die Frage stelle „Was will diese Bohle wohl werden?"

Galerie des Autors

Endlose Inspiration

Die natürliche Schönheit des Holzes kommt deutlich zum Vorschein, wenn man mit Bohlen arbeitet, die noch ihre Baumkante besitzen. Hier werden einige meiner Lieblingswerkstücke mit Baumkante gezeigt. Wenn man das richtige Stück Holz mit der richtigen Form zusammenführt, bekommt man ein nützliches und auf wunderbare Art einzigartiges Möbelstück.

Couchtisch aus Kiefer mit Schwalben aus Nussbaum Durchmesser 810 mm, 410 mm hoch

Tisch mit Platte aus Rotahorn und Gestell aus lackierte Pappelholz 1065 x 610 mm, 735 mm hoch

Beistelltisch mit Tischplatte aus Kiefer und Schwalbe aus Nussbaum 1830 x 460 mm, 810 mm hoch

Couchtisch aus Kiefer
1220 x 510 mm, 460 mm hoch

Beistelltisch,
Eichenbaumscheibe
mit Maserknollen
Durchmesser 610 mm,
460 mm hoch

Couchtisch aus Kiefer
460 x 1220 mm, 410 mm hoch

Beistelltisch aus Douglasie
610 x 460 mm, 760 mm hoch

Couchtisch aus Nussbaum
mit Schwalbe aus versporntem Ahornholz
1220 x 635 mm, 460 mm hoch

Schreibtisch aus geriegeltem Zuckerahorn
1320 x 710 mm, 735 mm hoch

Beistelltisch aus Kirsche
mit Schwalben aus Nussbaum
810 x 355 mm, 460 mm hoch

Küchentisch und -bänke aus Rotahorn
Tisch 1525 x 915 mm, 760 mm hoch
Bänke 1525 x 355 mm, 460 mm hoch

Beistelltisch aus gespiegelten Zuckerahornbohlen mit Maserknollen
760 510 mm, 710 m hoch

Couchtisch aus geriegeltem Zuckerahorn
1220 x 510 mm, 460 mm hoch

Vom Stamm zum Rohholz

Als Holzwerker sollte man wissen, wie Baumstämme zu Rohholz geschnitten werden und wie dieses Rohholz dann getrocknet wird. Dieses Wissen macht aus Ihnen nicht nur einen kenntnisreicheren Konsumenten, es hilft Ihnen auch, beim Holzeinkauf den richtigen Gegenwert für Ihr Geld zu erhalten und zu erkennen, ob das gekaufte Rohholz bereits verwendet werden kann.

Kenntnisse über den Holzeinschnitt und die Holztrocknung sind auch hilfreich, wenn man Rohholz selbst mit der Bandsäge oder Kettensäge einschneidet, und sorgen dafür, dass man als Lohn dieser Mühe auch gutes Material erhält. Auch wenn es leicht ist, zugeschnittenes Holz zu kaufen, macht der eigene Einschnitt doch auch Spaß, und Sie können mit Holzarten arbeiten, die man vielleicht nicht kommerziell erhalten kann.

Einschneiden

Sägewerke verarbeiten das Rohholz meist mit einer Kreissäge oder Bandsäge. Beide Methoden funktionieren gleich gut. Bandsägen **(Abb. 1)** sind etwas häufiger. Die Stämme werden eingeschnitten, solange das Holz noch feucht ist (dann wird es auch als Grünholz bezeichnet). Das ist wichtig. Wenn man einen Stamm vor dem Einschnitt trocknen lässt, entstehen oft Risse im Holz, die es unbrauchbar machen. Außerdem ist trocknes Holz härter und deshalb schwieriger zu sägen. Wenn man Holz feucht oder grün nennt, bedeutet dies, dass es noch viel Wasser enthält. Grünholz eignet sich für die meisten Werkstücke nicht, weil es beim Trocknen reißt, schwindet und sich verzieht

Wenn man Holz direkt in einem Sägewerk kauft, kann man Bohlen bekommen, die aus dem gleichen Baumstamm geschnitten wurden. Benachbarte Bohlen haben dann eine spiegelbildliche Maserung, was im Englischen als bookmatched bezeichnet wird.

Häufige Einschnittverfahren

Die beiden häufigsten Einschnittarten sind der Einfachschnitt und der Quartierschnitt **(Abb. 2)**. Der Einfachschnitt (auch Scharfschnitt oder Gatterschnitt) ist bei weitem häufiger. Je nachdem, von welcher Stelle des Baumstamms eine Bohle stammt, kann sie mehr zum Schüsseln und Verziehen neigen als quartiergeschnittenes Holz. Einfachgeschnittenes Holz ist jedoch viel leichter herzustellen und verursacht weniger Verschnitt. Quartiergeschnittenes Holz ist dagegen maßhaltiger (es arbeitet weniger) und kann bei einigen Holzarten auch ein ansprechenderes Maserbild zeigen.

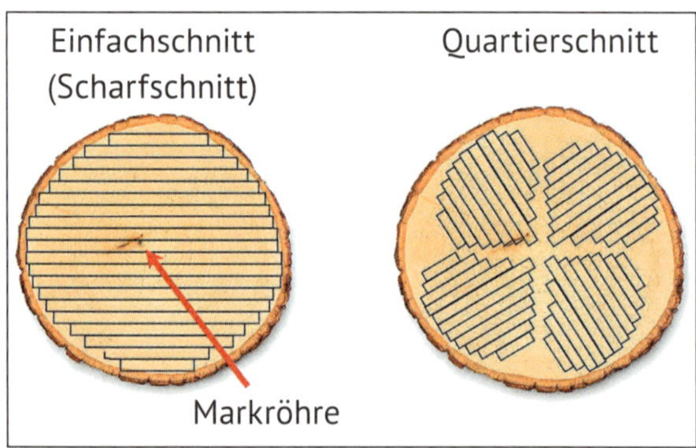

2 Die beiden häufigste Methoden, Rohholz einzuschneiden, sind der Einfachschnitt und der Quartierschnitt. Der Quartierschnitt ist arbeitsintensiver und verursacht mehr Verschnitt, deshalb ist das Holz im Handel dann auch teurer als einfachgeschnittenes.

Holz selbst einschneiden

In kleineren Mengen kann man Rohholz auch mit der Bandsäge oder Kettensäge selbst einschneiden. Aus diesen Bohlen mit Baumkante kann man Regale, Aufschnittplatten oder andere kleine Werkstücke anfertigen.

1 Der Baumstamm wird im Sägewerk auf die Bandsäge gelegt, und von der Oberseite werden Bohlen geschnitten. Der Stamm bleibt dabei stationär, während die Bandsäge bewegt wird, um den Schnitt auszuführen. Die Säge lässt sich auf jede gewünschte Bohlenstärke einstellen.

Stellen Sie sicher, dass der Stamm, den Sie einschneiden möchten, noch „grün" (frisch) ist. Bemühen Sie sich, den Stamm so bald wie möglich nach dem Fällen einzuschneiden. Falls die Rinde noch am Baum ist, entfernen Sie sie nicht. Die Rinde verhindert ein zu schnelles Trocknen und das Reißen des Stamms. Bestreichen Sie das Hirnholz des Stamms mit Latexfarbe oder einem speziellen Versieglungsmittel. Das trägt dazu bei, die Feuchtigkeitsabgabe zu verlangsamen, falls Sie den Stamm nicht sofort einschneiden können. Es ist viel einfacher, das Ende eines Stamms zu versiegeln als die Enden eines Stapels einzelner Bohlen.

Rohholz mit der Bandsäge einschneiden

Die Größe eines Stamms, den Sie mit der Bandsäge einschneiden können, hängt einerseits davon ab, wie schwer er höchstens sein darf, damit Sie ihn noch anheben können, und andererseits von der maximalen Durchlasshöhe (und -breite) Ihrer Bandsäge. Bei vielen Holzwerkern ergibt das Maximalmaße von etwa 300 mm Durchmesser und 750 mm in der Länge – je nach Durchlass der Bandsäge. Bei größeren Stämmen ist es gut, wenn man einen Helfer hat, der mit anfasst. Baumstämme sind schwer.

Bevor man mit dem Einschneiden an der Bandsäge beginnen kann, muss man dafür sorgen, dass der Stamm an gegenüberliegenden Seiten flache und ebene Auflagenflächen erhält. Dazu verwendet man zweckmäßigerweise einen elektrischen Hobel oder eine Bandschleifmaschine **(Abb. 3)**. Versuchen Sie nicht, einen Stamm einzuschneiden, der an der Rückseite keine ebene Auflagefläche aufweist. Der Stamm könnte während des Einschneidens rollen, was sehr gefährlich ist. Falls die Rinde glatt ist, kann man auf die ebene Fläche an der Oberseite des Stamms auch verzichten. Bringen Sie auf der Oberseite des Stamms mit einer Kreideschnur eine Linie an **(Abb. 4)**. Die Linie sollte am Mark ausgerichtet sein, das an beiden Hirn-

3 Ebene Auflageflächen auf der Ober- und Unterseite des Stammes sorgen dafür, dass er sich beim Sägen nicht dreht. Man kann dort auch eine Linie anzeichnen, an der man entlang sägt.

4 Verwenden Sie eine Schlagschnur, um auf der Oberseite des Stamms eine Linie anzureißen. Sie sollte auf beiden Hirnholzflächen mit der Markröhre fluchten.

5 Schneiden Sie freihändig entlang der Kreidelinie. Verwenden Sie das breiteste Sägeband, das in Ihre Bandsäge passt. Die Zahnteilung sollte 2–4 TPI (tooth per inch, Zähne pro Zoll) betragen.

6 Verwenden Sie nach dem ersten Schnitt den Anschlag an der Bandsäge, um Bohlen vom Stamm zu sägen.

holzenden im Zentrum der Jahresringe zu erkennen ist. Das muss nicht zwingend auch mit dem Mittelpunkt des Stammes übereinstimmen. Schneiden Sie den Stamm mit der Bandsäge entlang der Kreidelinie ein **(Abb. 5)**.

Es kann hilfreich sein, jemanden zur Hand zu haben, der die Stammhälften abfängt, nachdem sie das Bandsägeblatt passiert haben.

Nach dem ersten Schnitt stellen Sie den Anschlag der Bandsäge auf die gewünschte Stärke ein und schneiden die einzelnen Bohlen **(Abb. 6)**. Das Holz wird beim Trocknen noch schwinden, und Sie werden auch die Oberflächen noch verputzen wollen, deshalb sollten Sie die Bohlen mindestens 6 mm stärker einschneiden als die gewünschte Endstärke.

Rohholz mit der Kettensäge einschneiden

Mit der Kettensäge kann man Stämme sehr schnell zu Bohlen schneiden. Falls Sie vorhaben, eine Menge Rohholz mit der Kettensäge einzuschneiden, lohnt sich die Anschaffung einer speziellen Kette für Längsschnitte. Diese Ketten haben eine andere Zahngeometrie als die normalen Ketten für Ablängschnitte und erleichtern deshalb das Einschneiden von Rohholz. Falls Sie aber nur gelegentlich Rohholz einschneiden möchten, ist eine normale, gut geschärfte Standardkette für Ablängschnitte durchaus geeignet.

Legen Sie den Stamm längs zwischen zwei Kanthölzer (100 x 100 mm), und reißen Sie die Schnitte an einem Hirnholzende des Stamms an **(Abb. 7)**. Die Kanthölzer hindern den Stamm am Rollen. Berücksichtigen Sie beim Anreißen der Bohlenstärke, dass die Sägefuge einer Kettensäge bis zu 10 mm oder breiter sein kann.

Sicherheitshinweis

Die Arbeit mit einer Kettensäge ist gefährlich. Insbesondere besteht die Gefahr eines Rückschlags bei falschem Ansatz des Kettenblatts. Erwerben Sie einen sog. Kettensägeschein (z.B. bei einem Forstamt) und/oder machen Sie einen Kurs zur Handhabung dieses Werkzeugs.

7 Richten Sie eine Wasserwaage senkrecht am Hirnholz des Stamms aus, und zeichnen Sie mit einem Marker Schnittlinien an. Die Wasserwaage stellt sicher, dass die Linien parallel verlaufen.

8 Schneiden Sie den Stamm ein. Halten Sie sich so gut wie möglich an die angezeichneten Schnittlinien.

9 Schneiden Sie von beiden Seiten ein, falls der Stamm länger ist als das Schwert Ihrer Säge. Richten Sie sich nach den Sägefugen der Schnitte vom markierten Ende, wenn Sie vom unmarkierten Ende aus einschneiden.

Dementsprechend viel Verschnitt ist zwischen den Bohlen einzuplanen.

Schneiden Sie an den angerissenen Linien ein **(Abb. 8)**. Schneiden Sie aber nicht vollkommen durch den Stamm. Beenden Sie den Schnitt etwa 25 mm über der Stammrückseite. Wenn man das Schwert wie im Foto parallel zur Holzfaser führt, ist das Einschneiden sehr viel einfacher als bei einem Schnitt senkrecht vom Hirnholz nach unten. Falls der Stamm länger ist als das Schwert Ihrer Kettensäge, können Sie von beiden Enden her einschneiden **(Abb. 9)**.

Beenden Sie die Schnitte, indem Sie den Stamm aufrecht auf die Kanthölzer stellen und senkrecht durch die verbliebenen 25 mm Holz schneiden **(Abb. 10)**. Es ist schwierig, mit der Kettensäge wirklich gute Oberflächen am Schnittholz zu erhalten, deshalb empfiehlt es sich, die Bohlen mit großzügiger Überstärke einzuschneiden, um die Schnittflächen sauber verputzen zu können.

10 Stellen Sie den Stamm aufrecht auf die Kanthölzer, und sägen Sie das 25 mm starke Holz durch, dass bei den vorigen Schnitten stehen geblieben ist.

Trocknen

Die Menge des im Holz enthaltenen Wassers wird als Prozentzahl angegeben und als Holzfeuchte bezeichnet. Wenn die Holzfeuchte 30 % beträgt, bestehen 30 % des Stammgewichts aus Wasser und 70 % aus Holzmasse.

Die Holzfeuchte von frisch eingeschnittenen Stämmen kann über 20 % betragen. Als Faustregel kann man davon ausgehen, dass Holz auf 8 % bis 14 % Holzfeuchte getrocknet werden muss, bevor man es zu Möbelstücken für Innenräume verarbeiten kann. Eine einfache und technisch unaufwendige Methode, Holz zu trocknen, ist die Lufttrocknung **(Abb. 12)**. Dabei wird das eingeschnittene Holz mit sogenannten Stapelleisten übereinandergelegt, die dafür sorgen, dass über und zwischen den Bohlen Luft zirkulieren kann. Das Hirnholz wird oft mit Farbe oder einem speziellen Versiegelungsmittel bestrichen. Mit der Lufttrocknung kann man Holz in der Regel auf eine Holzfeuchte von 12 % bis 14 % bringen, was für Möbelstücke mit Baumkante ausreichend ist.

Versiegeln Sie die Enden der Bohlen mit Latexfarbe oder Hirnholzversiegelung **(Abb. 11)**. Stapeln Sie sie dann auf, damit sie an der Luft trocknen können **(Abb. 13)**. Das Trocknen kann längere Zeit in Anspruch nehmen. Wählen Sie einen Ort für den Stapel, an dem die Luft frei um das Holz zirkulieren kann. Als Stapelleisten eigenen sich Sperrholzreste sehr gut. Das Fortschreiten des Trocknungsvorgangs lässt sich am besten

11 Das Hirnholz der Bohlen muss mit Latexfarbe oder einer Hirnholzversiegelung bestrichen werden.

12 Legen Sie die Bohlen mit Stapelleisten übereinander, und geben Sie ihnen hinreichend Zeit zum Trocknen.

13 Die Lufttrocknung von Holz ist einfach erfordert aber Geduld.

mit einem Holzfeuchtemessgerät überwachen. Sobald die Holzfeuchte über mehrere Tage hinweg konstant bleibt (im Bereich von 12 % bis 14 %), ist das Holzfeuchtegleichgewicht erreicht, und die Bohlen sind trocken. Als Faustregel kann man davon ausgehen, dass pro 25 mm Holzstärke ein Jahr notwendig ist, um grünes Holz ausreichend trocknen zu lassen. 50 mm starke Bohlen benötigen demzufolge eine Trockenzeit von zwei Jahren. Dieser Wert kann sich jedoch je nach den örtlichen Gegebenheiten und dem Klima ändern. Aus diesem Grund ist auch die Verwendung einen Holzfeuchtemessgeräts so wichtig: Man kann mit ihm den Feuchtigkeitsgehalt präzise messen, anstatt sich auf Ratespiele einlassen zu müssen.

Holz kann auch technisch getrocknet werden. Dabei wird es auch wieder auf Stapelleisten gelegt, allerdings nicht im Freien, sondern in einer sogenannten Trockenkammer **(Abb. 14)**. Mit der Kammer- oder Ofentrocknung lassen sich Holzfeuchten von etwa 6 % bis 8 % erreichen. Unabhängig von der Trocknungsmethode arbeitet Holz bei Veränderungen der Luftfeuchtigkeit (es quillt und schwindet). Dieses Arbeiten muss man bei der Konstruktion der Werkstücke unbedingt berücksichtigen. Genauso wichtig ist es, dem Holz Gelegenheit zu geben, sich zu akklimatisieren. Man sollte das Material deshalb wenigstens ein paar Tage, bevor man mit einem Werkstück beginnt, in die Werkstatt bringen.

14 Die kommerzielle Trocknung größerer Holzmengen erfolgt meist in Trockenkammern. Dies ist viel schneller als die Luftrocknung, oft dauert es nur wenige Wochen.

Vorbereitung der Bohlen

Die Bohlen für Ihre Werkstücke werden meist vorbereitetet werden müssen, um sie verwenden zu können. Sie können noch feucht sein, sägerau oder nicht vollkommen eben, vielleicht auch, ja oft sogar alles drei zusammen. Also müssen Sie die Bohlen in der Werkstatt bearbeiten.

Holzfeuchte

Der Feuchtigkeitsgehalt von frisch eingeschnittenen Bohlen kann sehr hoch sein, zu hoch, um mit dem Holz zu arbeiten. Je stärker das Material ist, desto länger dauert die Trocknung. Falls eine Bohle nicht trocken ist, wenn man mit der Arbeit beginnt, kann sie im Laufe der Bearbeitung reißen, sich verziehen oder werfen. Holz, das noch nicht das Holzfeuchtegleichgewicht erreicht hat, kann zu einer Vielzahl von Problemen führen. Die Kontrolle der Holzfeuchte mit einem Messgerät **(Abb. 1)** ist eine einfache Art, sich dagegen abzusichern, und sollte auf keinen Fall unterlassen werden. Der Feuchtigkeitsgehalt sollte im Bereich von 6–12% liegen, um das Holz für ein Werkstück verwenden zu können. Prüfen Sie, bis zu welcher Tiefe Ihr Messgerät misst. Es gibt viele Geräte, die nur bis zu einer Tiefe von etwa 20 mm messen. In diesem Fall sollten Sie dickere Bohlen unbedingt von beiden Seiten her messen. Falls das Holz noch zu feucht für die Bearbeitung ist, ist die einfachste Lösung, es beiseite zu legen und weiter trocknen zu lassen.

Abrichten der Bohlen

Bohlen weisen nur selten vollkommen ebene Oberflächen auf. Sie können auch noch Sägespuren vom Einschnitt im Sägewerk zeigen. Bevor man eine Bohle für ein Werkstück verwenden kann, muss sie deshalb abgerichtet und ausgehobelt werden. Ob eine Bohle eben ist, lässt sich mit einem Lineal oder Richtscheit überprüfen **(Abb. 2)**. Legen Sie die Bohle auf eine ebene Fläche (das kann auch der Fußboden sein), um zu prüfen, ob sie verzogen ist **(Abb. 3)**. Falls sie kippelt oder man erkennen kann, dass zwei Ecken auf der Unterlage aufliegen und zwei nicht, ist die Bohle verzogen. Auch wenn sie durch Ihren Dickenhobel passen sollte, ist es besser, zuerst eine Fläche abzurichten. Allein mit dem Dickenhobel lässt sich ein verzogenes Stück Holz nur schwer eben aushobeln.

1 Vor der Verwendung muss unbedingt die Holzfeuchte der Bohlen gemessen werden.

2 Kontrollieren Sie mit einem langen Lineal oder einem Richtscheit, ob die Bohle eben ist. Falls nicht, muss sie abgerichtet werden.

3 Legen Sie die Bohle auf eine große, ebene Fläche, um zu kontrollieren, ob sie windschief oder verzogen ist. Fall zwei Ecken der Bohle aufliegen und zwei nicht, ist sie windschief.

Mit der Handoberfräse abrichten

Mit einer entsprechenden Vorrichtung kann man die Handoberfräse verwenden, um Bohlen abzurichten. Sie benötigen eine Arbeitsfläche, die groß genug ist, um die Bohle vollflächig aufzulegen, und eine Methode, um die Bohle daran sicher zu befestigen. Eine große Werkbank ist ideal, aber eine Sperrholzplatte auf Sägeböcken reicht auch aus. Auf diese Weise lassen sich sowohl Bohlen als auch Hirnholzscheiben bearbeiten.

Falls die Bohle verzogen ist, legen Sie Zulagen darunter, um sie stabil zu lagern **(Abb. 4)**. Stellen Sie sicher, dass der Abstand zur Arbeitsfläche an gegenüberliegenden Ecken gleich ist. Dadurch wird die abzunehmende Holzmenge gering gehalten, sodass die Bohle möglichst dick bleibt. Schieben Sie einfach eine keilförmige Zulage in die Lücke an jeder Ecke, messen Sie den Abstand, und treiben Sie die Keile mehr oder

4 Messen Sie bei einer windschiefen Bohle an gegenüberliegenden Ecken die Höhe von der Werkbank bis zur Oberkante des Holzes. Legen Sie Keile unter, bis die Maße gleich sind. Die Bohle wird mit Spannwerkzeugen fixiert, die in T-Nutschienen der Werkbank verschoben werden können.

5 Diese Planfräsvorrichtung ist leicht selbst herzustellen. Die Schienen bestehen aus Kanthölzern mit dem Querschnitt 100 x 50 mm. Die Brücke hilft dabei, die Schienen auf der Arbeitsfläche auszurichten.

6 Die Brücke reicht von Schiene zu Schiene und dient als Führung für die Handoberfräse.

weniger tief ein, bis die Abstände zur Arbeitsfläche an den Ecken gleich groß sind. Achten Sie darauf, die Zulagen nicht so weit unter diese Ecken zu treiben, dass die beiden anderen Ecken, die auf der Arbeitsfläche aufliegen, angehoben werden. Wenn Sie die Zulagen richtig positioniert haben, geben Sie etwas Heißkleber zwischen die Zulagen und die Bohle, damit die Zulagen sich nicht verschieben.

Diese Eigenbaulösung ist technisch nicht sehr aufwendig und leicht anzufertigen, sieht allerdings keine Staubabsaugung vor. Die Vorrichtung besteht aus einer Sperrholzbrücke für die Handoberfräse und zwei Schienen, auf denen die Brücke geführt wird. Spannen Sie zwei gerade Kanthölzer (50 x 100 mm) auf Ihrer Arbeitsfläche an **(Abb. 5)**, die als Schienen dienen. Falls Sie eine besonders dicke Bohle bearbeiten wollen, können die Kanthölzer auch 50 x 150 mm messen; bei dünneren Bohlen kann man die Kanthölzer auch entsprechend schmaler zusägen. Die Zwingen, mit denen die Schienen angespannt werden, verhindern auch, dass die Brücke an den Enden der Schienen aus der Vorrichtung herausfällt.

Die Brücke besteht aus zwei Führungen, die an den Enden mit Zwischenstücken verbunden sind. Die Führungen **(Abb. 6)** bestehen aus jeweils vier Multiplexstreifen (20 x 50 mm). Die Streifen müssen so lang sein, dass sie über die Arbeitsfläche reichen und auf den Schienen aufliegen. Die hier gezeigte Brücke ist 1200 mm lang. Es lohnt sich, zwei Brücken anzufertigen, eine für breite Bohlen, die andere für schmalere.

Verbinden Sie die Multiplexstreifen mit Leim und Schrauben zu zwei L-förmigen Führungen. Die Führungen werden an den Enden mit zwei Zwischenstücken (20 x 50 mm) verbunden, die den lichten Abstand zwischen den Führungen festlegen und als Endanschlag für die Handoberfräse dienen **(Abb. 7)**. Die Zwischenstücke sollten 1,5 mm länger sein als der Durchmesser der Grundplatte Ihrer Handoberfräse.

Die Fräse sollte sich leichtgängig, aber ohne übermäßiges Spiel zwischen den Führungen verschieben lassen. Spannen Sie die Zwischenstücke fest, und kontrollieren Sie die Passung der Handoberfräse zwischen den Führungen, bevor Sie die Zwischenstücke mit Leim und Schrauben befestigen. Die Zwischenstücke legen

7 Überbrücken Sie die L-förmigen Führungen mit einem Zwischenstück (20 x 50 mm). Das Zwischenstück bestimmt den Abstand zwischen den Führungen und dient als Endanschlag.

8 Befestigen Sie eine Leiste an der Unterseite der Brücke. Sie verhindert, dass die Brücke von den Schienen geschoben wird.

nicht nur die lichte Weite fest, sie verhindern auch das versehentliche Einfräsen in die Schienen. Bringen Sie an der Rückseite der Brücke zwei Anschlagleisten (20 x 40 mm) an, um sicherzustellen, dass die Brücke nicht von den Schienen rutscht **(Abb. 8)**.

Man kann fast jeden stirnschneidenden Fräser verwenden, um Bohlen abzurichten **(Abb. 9)**, aber ein Fräser mit großem Durchmesser lässt die Arbeit schneller von der Hand gehen als ein kleinerer. Fräser mit 50 mm Durchmesser sind ideal. Die Handoberfräse sollte kräftig motorisiert sein (1600 W oder mehr) und mit einstellbarer Geschwindigkeit arbeiten können. So hat man ausreichend Leistung für die Arbeit und kann mit geringerer Geschwindigkeit fräsen, wie das bei Fräsern mit großem Durchmesser erforderlich ist. Beachten Sie auf jeden Fall die Herstellerhinweise zu den empfohlenen Geschwindigkeiten. Da die Handoberfräse über den Schienen und der Brücke sitzt, befindet sie sich recht hoch über dem Werkstück. Oft wird man deshalb mit Fräserverlängerungen arbeiten müssen, damit der Fräser bis an die Bohle reicht.

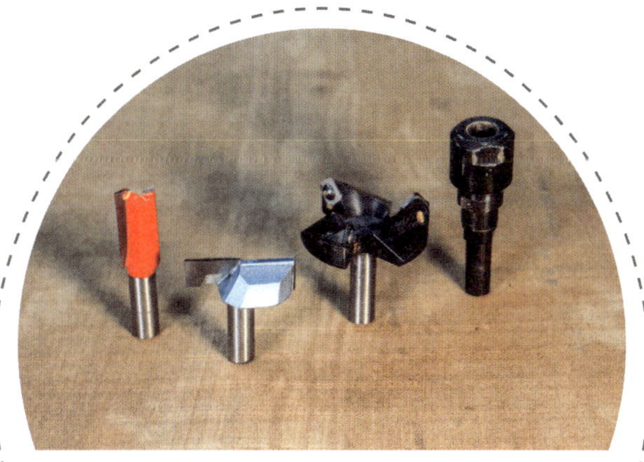

9 Mit einem Fräser mit großem Durchmesser lassen sich Bohlen schneller planfräsen als mit kleineren Fräsern. Meist wird man eine Fräserverlängerung (rechts) benötigen, damit der Fräser weit genug unter der Grundplatte der Oberfräse herausragt.

10 Fräsen Sie die Bohle in mehreren Durchgängen plan. Bei jedem Durchgang wird die Schnitttiefe geringfügig erhöht.

Wenn die Planfräsvorrichtung fertiggestellt ist, können Sie die erste Bohle abrichten **(Abb. 10)**. Arbeiten Sie nicht ohne Ihre persönliche Schutzausstattung, einschließlich einer Schutzbrille, einem Gehörschutz und einer Atemschutzmaske. Entfernen Sie anfänglich etwa 1,5 mm bei jedem Durchgang. Stellen Sie die Frästiefe für den ersten Durchgang auf jeden Fall an der höchsten Stelle der Bohle ein. Bei weicheren Hölzern kann man die Schnitttiefe unter Umstände vergrößern. Achten Sie auf das Laufgeräusch der Handoberfräse. Überlasten Sie die Maschine nicht. Verschieben Sie die Fräse in der Brücke, sodass sie sich über die Bohle bewegt. Verstellen Sie dann die Brücke und führen Sie den nächsten Durchgang aus. Die Brücke sollte für jeden neuen Durchgang um den halben Durchmesser des Fräsers verstellt werden, sodass die Fräsungen sich überlappen. Vergrößern Sie die Schnitttiefe bei jedem Durchgang geringfügig und fräsen Sie weiter, bis die Oberseite der Bohle eben ist **(Abb. 11)**. Falls die Bohle durch Ihre Dickenhobelmaschine passt, können Sie die Bohle jetzt mit dieser abgerichteten Seite nach unten auf den Angabetisch der Dickte legen und die andere Seite aushobeln, bis sie gleichfalls eben und parallel zur ersten Seite ist.

11 Wenn die obere Fläche der Bohle plan gefräst ist, kann man die andere Seite entweder im Dickenhobel aushobeln oder die Bohle umdrehen und auch auf der anderen Seite plan fräsen.

12 Es gibt kommerzielle Planfräsvorrichtungen, die meist den Vorteil bieten, über einen Anschluss für eine Staubabsaugung zu verfügen.

Andernfalls wird die Bohle umgedreht und die andere Seite auf die gleiche Weise mit der Handoberfräse abgerichtet.

Falls Sie die Vorrichtung zum Planfräsen nicht selbst bauen, sondern kaufen möchten, gibt es verschiedene Anbieter **(Abb. 12)**. Die Arbeitsweise ist die gleiche, aber da die Schienen und Brücke aus Metall anstatt Holz sind, wird die Oberfläche meist glatter, weil die Brücke sich nicht so leicht durchbiegt. Der größte Vorteil dieser kommerziellen Systeme liegt jedoch in den integrierten Anschlüssen, an die man einen Werkstattsauger oder eine Staubabsauganlage anschließen kann. Dieser Vorteil ist kaum zu überschätzen, da beim Abrichten mit der Handoberfräse sehr viel Holzstaub entsteht.

Unabhängig vom verwendeten System zeigt die Bohle nach dem Abrichten noch die Spuren des Fräsers. Sie werden in der Folge durch Schleifen beseitigt **(Abb. 13)**. Arbeiten Sie zuerst mit einer Bandschleifmaschine (falls Sie eine besitzen) und einem 80er Schleifpapier, und dann mit einem Exzenterschleifer. Schleifen Sie in diesem Stadium nur bis hinab zu einer 120er Körnung, und warten Sie mit dem abschließenden Feinschliff, bis das Werkstück weiter fortgeschritten ist.

13 Nach dem Fräsen werden die Spuren abgeschliffen, die der Fräser hinterlassen hat.

14 Mit Richtscheiten lassen sich höhere Stellen bei verzogenen Bohlen ermitteln. Die gezeigten Exemplare bestehen aus 20 mm starkem MDF.

15 Legen Sie die Richtscheite auf die Bohle, und nehmen Sie eine Haltung ein, in der Sie über die Richtscheite visieren können.

Mit Richtscheiten abrichten

Anstatt mit einer Vorrichtung für die Handoberfräse kann man auch mit einem elektrischen Handhobel, einer Bandschleifmaschine oder mit Handhobeln abrichten. Dafür wird ein Paar sogenannter Richtscheite zu Hilfe genommen. Diese Methode ist besonders gut für schmalere Bohlen geeignet, die durch Ihre Dickenhobelmaschine passen. Das Längsholz von Bohlen lässt sich auf diese Weise besser bearbeiten als das Hirnholz von Baumscheiben. Hirnholzscheiben sollte man nie durch den Dickenhobel schicken. Die Hobelmesser können sich im Hirnholz verfangen und die Baumscheibe zerreißen.

Richtscheite **(Abb. 14)** sind einfache Hilfsmittel. Nutzen Sie für den Selbstbau formstabiles Material – die Richtscheite nützen Ihnen nichts, wenn sie nicht gerade bleiben. Fertigen Sie die Richtscheite 50 mm breit an und so lang, wie es für Ihre Werkstücke notwendig ist. Schneiden Sie an der einen Kante eine 45°-Fase an, sodass an der Oberkante eine 6 mm breite Fläche stehen bleibt. Diese deutlich zu erkennende obere Fläche ist die Sichtlinie, über die Sie bei der Verwendung der Richtscheite visieren.

Legen Sie die Richtscheite auf Ihre Bohle, und hocken Sie sich in Augenhöhe mit der Oberkante der Richtscheite davor **(Abb. 15)**. Falls die Bohle windschief oder an manchen Stellen höher ist, liegen die Kanten der Richtscheite nicht parallel zueinander **(Abb. 16)**. Dort, wo die Oberkante des Richtscheits höher liegt, ist auch die Oberfläche der Bohle höher. Kennzeichnen Sie solche Stellen **(Abb. 17)**. Legen Sie die Richtscheite an verschiedenen Stellen auf die Bohle, und wiederholen Sie den Vorgang. Meist weist eine Bohle mehr als zwei höher liegende Stellen auf.

Ebnen Sie die höher liegenden Stellen mit dem Hobel oder der Schleifmaschine ein **(Abb. 18)**. Nehmen Sie nur wenig Material ab, und kontrollieren Sie den Arbeitsfortschritt immer wieder mit den Richtscheiten, damit Sie nicht aus Hügeln Täler machen.

Ziel ist es, die Oberkanten der Richtscheite auf der gesamten Länge der Bohle parallel zu sehen **(Abb. 19)**. Kontrollieren Sie die Bohle an mehreren Stellen, um sicherzustellen, dass sie vollkommen eben ist.

16 So sieht es aus, wenn die Richtscheite auf eine verzogene Bohle gelegt werden: Die Oberkanten fluchten nicht.

17 Nehmen Sie die Richtscheite ab, und markieren Sie die höheren Stellen.

18 Ebnen Sie die höheren Stellen durch Hobeln oder Schleifen ein. Kontrollieren Sie dabei wiederholt den Fortschritt mit Hilfe der Richtscheite.

19 Wenn die Bohle eben ist, fluchten die Oberkanten der Richtscheite.

Wenn eine Seite der Bohle eben ist, kann sie durch die Dickenhobelmaschine geschickt werden. Legen Sie die Bohle mit der ebenen Fläche auf den Angabetisch des Dickenhobels. Der Dickenhobel hobelt dann die obere Seite eben und parallel zu der Fläche, die Sie bearbeitet haben. Wenn die zweite Seite ausgehobelt ist, drehen Sie die Bohle um und entfernen mit dem Dickenhobel alle eventuell verbliebenen Hobel- oder Schleifspuren auf der ersten Seite.

20 Wenn noch Rinde an den Baumkanten haftet, versuchen Sie, ob sie sich durch Ziehen lösen lässt.

Kantenbehandlung

Der Reiz von Bohlen mit Baumkante beruht auf dem Aussehen der organischen Kanten. Während der Trocknung und des Einschnitts kann sich die Rinde lockern oder abfallen, sie kann aber auch noch an der Kante der Bohle haften. Kontrollieren Sie anhaftende Rinde, indem Sie an ihr ziehen **(Abb. 20)**. Falls die Rinde dabei fest am Holz haften bleibt, können Sie damit rechnen,

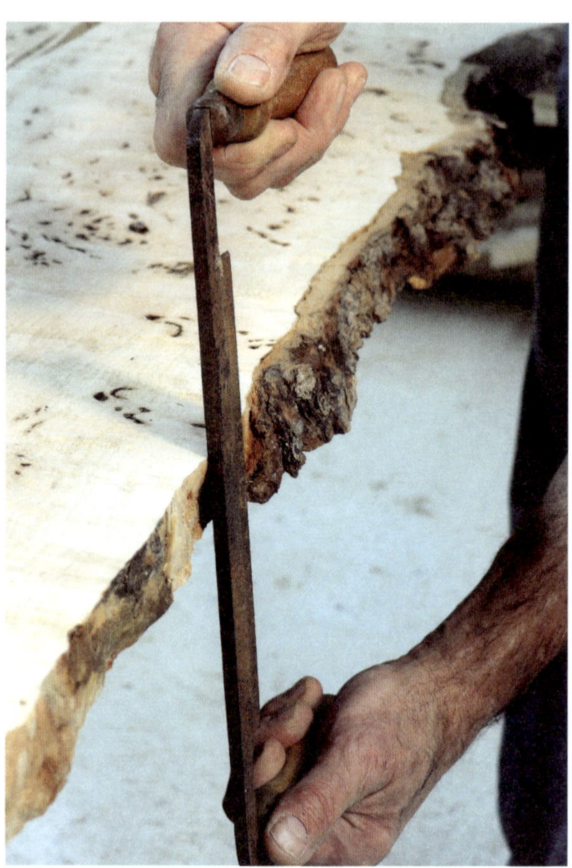

21 Verwenden Sie ein Ziehmesser um lose Rinde – oder Rinde, die Sie aus anderen Gründen entfernen möchten – von der Kante abzuschälen.

22 Ein Schleifmopp ist hervorragend geeignet, um Baumkanten zu säubern und glätten.

23 Setzen Sie den Schleifmopp in eine Bohrmaschine ein, und führen Sie ihn an den Kanten der Bohle entlang, um lose Stücke zu entfernen und scharfe Kanten abzurunden.

dass sie sich auch später nicht lockert oder gar abfällt. Falls die Rinde locker ist oder aus ästhetischen Gründen sowieso abgenommen werden soll, verwenden Sie ein Ziehmesser, um sie zu entfernen **(Abb. 21)**. Arbeiten Sie mit leichten Schnitten des Ziehmessers, und achten Sie darauf, nicht in die verbleibende Baumkante der Bohle zu schneiden.

Eine Baumkante sollte wie ein urwüchsiges Stück Holz aussehen. Man sollte nicht alle ansprechenden, natürlichen Unregelmäßigkeiten der Bohle durch Schleifen beseitigen. Andererseits sollte sie doch angenehm anzufassen sein. Ein gutes Werkzeug für die Kantenbearbeitung ist ein Schleifmopp **(Abb. 22)**. Der Schleifkopf besteht dabei aus Schleifpapierstreifen, ähnlich wie bei einem Poliermopp. Spannen Sie den Schleifmopp in einer Bohrmaschine ein, und führen Sie sie im Lauf gegen die Baumkante **(Abb. 23)**. Die Wirkung ist sanft genug, um nicht übermäßig viel Material abzunehmen, aber kräftig genug, um lose Anhaftungen zu entfernen und eine glatte Oberfläche zu hinterlassen.

Epoxidharz und Bohlen

Am schönsten sind die Bohlen, die den kräftigsten Charakter haben. Was manche Leute als Holzfehler betrachten – Löcher, Risse, Rindeneinschlüsse, Aststellen –, kann man auch als Merkmale sehen, die ein Stück Holz einzigartig und schön machen. Es ist gut, wenn man solche Merkmale akzeptiert, aber es ist auch nicht immer praktisch. Löcher und Risse sind bei einer Tischplatte keine wünschenswerten Ergänzungen. Hier kommt das Epoxidharz ins Spiel. Es kann eine nützliche Lösung bei Problemstellen sein, es kann aber auch wie eine Holzbeize schöne Akzente setzen.

In diesem Kapitel sollen nicht alle Kenntnisse über das Arbeiten mit Epoxidharz vermittelt werden. Vielmehr ist es als Überblick über das gedacht, was das Harz leisten kann und wie es Ihnen bei Ihren Werkstücken helfen kann. Ergänzt wird dieser Überblick durch einige praktische Tipps zur Verarbeitung. Wie bei vielen anderen Dingen ist das Wichtigste bei der Verarbeitung von Epoxidharz, dass man die Hinweise des Herstellers befolgt, und zwar haargenau. Epoxidharz ist teuer, Sie wollen es also nicht durch Fehler verschwenden.

1 Manche Expoxidharze werden verwendet, um tiefere Löcher zu füllen, andere sind nur für dünne Schichten geeignet. Es ist sehr wichtig, das richtige Produkt zu verwenden.

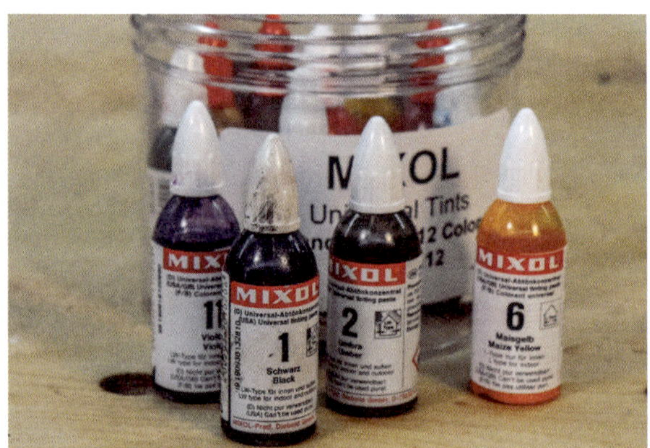

2 Das Harz kann mit Pigmenten eingefärbt werden. Die Pigmente sind hochkonzentriert, einige Tropfen reichen für große Mengen Harz.

Es gibt viele verschiedene Epoxid-Produkte auf dem Markt **(Abb. 1)**. Es ist sehr wichtig, das richtige Epoxidharz für das geplante Vorhaben zu wählen. Ein Harz, mit dem man einen tiefen Riss oder ein großes Loch füllt, unterscheidet sich von einem Produkt, das man als dünne Schicht auf der Oberfläche eines Holzstücks aufträgt. Wenn man das falsche Produkt verwendet, kann das zu größeren Problemen führen. Epoxidharz ist exotherm. Das heißt, beim Aushärten gibt es Wärme ab. Wenn man eine größere Menge Epoxid in ein tiefes Loch gießt und dafür ein Harz verwendet, dass als dünne Schicht auf einer Oberfläche aufgetragen werden sollte, entsteht sehr viel Wärme, was zu einem schlechten Endergebnis führt.

Mit farbigem Harz arbeiten

Epoxidharz ist durchsichtig, aber man muss es nicht so belassen. Wenn man dem Epoxid Pigmente zusetzt **(Abb. 2)**, entsteht ein gefärbtes Harz **(Abb. 3)**. Eine geringe Menge Pigment färbt das Harz zwar ein, lässt es aber noch durchsichtig aushärten. Der Zusatz von mehr Pigment führt zu einem undurchsichtigen Harz.

3 Mit Pigmenten erhalten Ihre Werkstücke eine einzige, einheitliche Färbung.

Das Pigment ist sehr konzentriert. Man sollte dem Epoxidharz zuerst nur eine kleine Menge Pigment beimischen und das Resultat begutachten. Wenn man etwas von dem Harz auf ein Stück Restholz gießt, sieht man, ob das Ergebnis so durchsichtig wie gewünscht ist. Gegebenenfalls kann man die Pigmentmenge erhöhen.

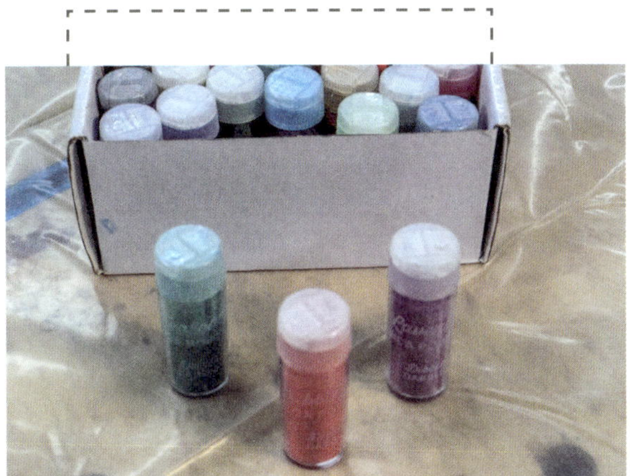

4 Mica-Pulver wird auch in Seife und Makeup-Produkten verwendet. Es verleiht dem Epoxidharz einen Glitzereffekt.

Man kann das Harz auch mit Mica-Pulver (Glimmer) **(Abb. 4)** einfärben, wodurch man einen Perlglanz erzielt **(Abb. 5)**. Wenn man verschieden eingefärbte Harze auf ein Werkstück gießt, kann man sie dann dort direkt vermischen. Epoxidharz, das mit Mica-Pulver gefärbt ist, ist meist noch etwas durchsichtig. Da man verschiedene Farbstoffe und Pigmente mischen kann, lässt sich zum Beispiel ein blaues Mica-Pulver mit blauem Pigment mischen, um ein weniger durchsichtiges Harz zu erhalten. Das Färben von Epoxidharz ist eher eine Kunst als eine Wissenschaft. Es ist sehr wichtig, in kleinerem Maßstab zu experimentieren, bevor man sich an ein größeres Werkstück wagt.

Große Fehlstellen füllen

Wenn Sie eine wunderschöne Bohle gefunden habe, aus der sie gerne eine Tischplatte für einen Ess- oder Schreibtisch machen möchten, in der Bohle aber große Löcher sind, die von Rissen, Aststellen oder Einschlüssen herrühren **(Abb. 6)**, dann können Sie mit Epoxidharz die ebene Oberfläche herstellen, die Sie für die Tischplatte benötigen. Kontrollieren Sie die

5 Mica-Pulver ergibt einen perlmuttähnlichen Glitzereffekt. Man kann Farbpigmente und Mica-Pulver mischen und zusammen verwenden.

Rückseite der Bohle, ob die Löcher ganz durch die Bohle gehen **(Abb. 7)**. Falls das der Fall ist, müssen Sie die Löcher auf der Rückseite verschließen. Auch wenn ein Loch oder Riss nur winzig aussieht, sollten Sie sich die Zeit nehmen und die Fehlstelle auf der Rückseite verschließen. Sonst können sich dort Epoxidtropfen zeigen – schlimmstenfalls fließt das gesamte Epoxidharz auf der Rückseite aus dem Werkstück heraus, während Sie darauf warten, dass es aushärtet. Verwenden Sie Restholzstücke als Abdeckung, um das Harz einzudämmen. Die Stücke sollten etwa 50 mm größer sein als die Fehlstelle, die Sie abdichten möchten. Wickeln Sie Klebeband um die Stücke, damit das Epoxidharz nicht an ihnen haftet **(Abb. 8)**. Die Abdeckstücke werden mit Silikonkautschuk auf der Rückseite der Bohle befestigt. Geben

6 Dies ist eine wunderbare Nussbaumbohle mit Baumkante. Sie hat jedoch eine große Fehlstelle und deutliche Hirnholzrisse.

7 Falls die Fehlstellen durch die Bohle hindurchreichen, müssen sie auf der Unterseite verschlossen werden.

8 Fertigen Sie die Abdeckungen aus Reststücken an, und umwickeln Sie sie mit Klebeband.

9 Geben Sie eine Schnur 100%igen Silikonkleber um den Rand jeder Abdeckung.

10 Legen Sie die Abdeckungen so auf, dass die Fehlstellen vollkommen bedeckt sind.

Sie eine Schnur Silikon auf jedes Abdeckstück **(Abb. 9)**. Es dürfen keine Lücken in dem Silikonstreifen vorhanden sein, durch die das Epoxidharz einen Weg heraus finden würde. Legen Sie die Abdeckstücke auf die Fehlstellen in der Bohle **(Abb. 10)**, und lassen Sie das Silikon über Nacht trocknen, bevor Sie das Epoxidharz eingießen.

Vorbereitungen für das Gießen

Decken Sie die Arbeitsfläche, auf der Sie das Epoxidharz gießen werden, mit Kunststofffolie ab. Epoxidharz haftet an Kunststofffolie nicht, was das Saubermachen nach der Arbeit sehr erleichtert. Kontrollieren Sie die Zimmertemperatur in dem Raum, in dem Sie arbeiten. Die meisten Hersteller empfehlen eine Raumtemperatur von mindestens 20° C. Daran sollte man sich unbedingt halten, damit das Epoxidharz richtig funktioniert und fließt. Damit das Harz warm ist, bringen Sie es mindestens einen Tag vor der Verwendung in den beheizten Arbeitsraum. Legen Sie die Bohle auf Kanthölzer. Das sorgt dafür, dass flüssiges Epoxidharz, das daneben geht, sich nicht als Pfütze zwischen der Bohle und der Kunststofffolie ansammelt (in diesem Fall müssten Sie es hinterher mühsam abschleifen), sondern harmlos auf die Folie tropft.

Richten Sie die Bohle waagerecht aus, indem Sie sie längs und quer mit der Wasserwaage kontrollieren **(Abb. 11)**. Legen Sie gegebenenfalls Zulagen unter die Bohle, damit sie waagerecht bleibt. Das Epoxidharz fließt wie Wasser, bis es in der Waage ist. Je größer die Bohle ist, mit der Sie arbeiten, desto wichtiger ist dieses Ausrichten. Wenn Sie dabei nachlässig sind, kann es passieren, dass das ausgehärtete Harz an einer Stelle mit der Oberfläche der Bohle bündig abschließt und an einer anderen Stelle deutlich tiefer liegt.

11 Es ist sehr wichtig, die Bohle genau waagerecht auszurichten, damit das Epoxidharz an allen Stellen gleich hoch steht.

12 Messen Sie die Fehlstelle aus, und berechnen Sie ihren Rauminhalt in Kubikzentimetern, um zu ermitteln, wie viel Epoxidharz sie benötigen, um sie zu füllen.

13 Blasen Sie Staub und Holzspäne mit Druckluft aus der Fehlstelle.

14 Bringen Sie mit Heißkleber oder Dichtmasse einen Wall um die Fehlstelle herum an. So können Sie Harz bis über die Kante der Fehlstelle einfüllen. Der Wall sollte 5–10 mm von der Kante der Fehlstelle entfernt sein.

Berechnen Sie, wie viel Epoxidharz sie benötigen, um die Fehlstelle zu füllen. Messen Sie dafür die Länge, Breite und Tiefe des Lochs **(Abb. 12)**, und multiplizieren Sie die Maße miteinander, um den Rauminhalt in Kubikzentimetern zu erhalten.

So hat zum Beispiel eine Fehlstelle, die 10 Zentimeter lang, 3 Zentimeter breit und 3 Zentimeter tief ist, 90 Kubikzentimeter Rauminhalt. Multiplizieren Sie die Kubikzentimeterzahl mit 1,1, um die notwendige Menge angemischten Epoxidharzes in Gramm zu erhalten. Da Fehlstellen im Holz nur selten genau rechtwinklig sind, werden Sie mit Schätzwerten arbeiten müssen. Es ist besser, etwas mehr Epoxidharz anzurühren als zu wenig, vor allem wenn man mit farbigem Harz arbeitet. Es kann schwierig sein, eine zweite Charge anzumischen, die genau den gleichen Farbton zeigt wie die erste.

Säubern Sie das Loch mit Druckluft **(Abb. 13)**, damit später keine Schmutzpartikel im Harz nach oben steigen. Bringen Sie mit Heißkleber einen Wall um das Loch herum an **(Abb. 14)**. So können Sie dann das Harz höher als die Oberkante der Fehlstelle eingießen, was zu empfehlen ist, weil das Harz langsam in die Holzfasern einziehen kann. Falls Sie nicht etwas höher gießen als bis zum Rand, haben Sie dann später eine Epoxidoberfläche, die tiefer liegt als das umgebende Holz.

Es kann lange dauern, bis das Harz jede Ritze im Holz vollständig gefüllt hat. Ohne einen Wall um das

Loch müssten Sie als Babysitter neben dem Werkstück sitzen, während das Harz trocknet, um gegebenenfalls Epoxid nachzugießen. Der Wall erlaubt es, das Epoxid zu gießen und dann in Ruhe zu lassen. Allerdings ist es eine gute Idee, in den ersten Stunden ab und zu einen Blick darauf zu werfen, um zu kontrollieren, dass die Harzoberfläche nicht trotz des Walls noch unter die umgebende Holzfläche abgesunken ist. Man kann den Wall auch aus 100%igem Silikon herstellen, allerdings müsste es in diesem Fall über Nacht trocknen, bevor man das Epoxidharz eingießen kann. Bei Heißkleber kann man sofort weiterarbeiten, sobald der Kleber abgekühlt ist.

Das Epoxidharz anmischen und gießen

Legen Sie sich die persönliche Schutzausrüstung zurecht, bevor Sie beginnen, mit dem Epoxidharz zu arbeiten: Schutzbrille, Handschuhe und eine Atemschutzmaske für flüchtige organische Verbindungen, falls Ihre Werkstatt nicht über eine sehr gute Entlüftung verfügt. Lesen Sie die Hinweise des Herstellers, bevor Sie mit dem Anmischen beginnen. Das Harz und der Härter müssen in einem bestimmten Mengenverhältnis und für eine bestimmte Zeit gemischt werden, wie vom Hersteller angegeben. Halten Sie sich genau an diese Angaben.

Messen Sie das Harz und den Härter sorgfältig in einem Messbecher ab, und mischen Sie die beiden Bestandteile gründlich **(Abb. 15)**. Manche Epoxidharze werden nach Gewicht und nicht nach Volumenanteilen gemischt. Lesen Sie die Herstelleranweisungen. Rühren Sie nicht zu heftig, damit Sie nicht unnötig viele Luftblasen in das Harz einbringen. Wenn man größere Mengen Epoxidharz gießt, ist es eine gute Idee, die Mischung etwa 20 Minuten stehen zu lassen, bevor man gießt, damit Luftblasen nach oben steigen können. Gießen Sie dann das Harz in die Löcher **(Abb. 16)**, bis es die Oberkante der Umwallungen **(s. Abb. 14)** aus Heißkleber erreicht **(Abb. 17)**. Es kann durchaus sein, dass Sie noch Epoxid nachgießen müssen, weil die Mischung auch die kleinen Verästelungen und Risse im Holz füllt. Manchmal werden die Blasen mit Heißluft aus dem Harz getrieben, aber beim Ausgießen von größeren Hohlräumen ist das meist nicht nötig. Die Epoxidharzprodukte für diese Arbeiten härten sehr langsam aus, sodass Blasen von selbst verschwinden.

15 Mischen Sie Harz und Härter sorgfältig und genau nach Anweisung des Herstellers an.

16 Gießen Sie das angemischte Harz in die Fehlstellen.

17 Füllen Sie die Fehlstellen bis zum oberen Rand des Walls. Überwachen Sie das Epoxidharz in der ersten Stunde nach dem Gießen, um zu sehen, falls Sie Harz nachfüllen müssen.

18 Nehmen Sie die Abdeckungen ab, wenn das Harz vollkommen getrocknet ist.

Die Bohle säubern

Manche Epoxidharze sind nach etwa 24 Stunden schon oberflächlich hart, es dauert aber sehr viel länger – bis zu einer Woche –, bis sie vollkommen durchgehärtet sind. Die Aushärtdauer kann man den Herstellerhinweisen entnehmen. Wenn das Harz ausgehärtet ist, entfernt man die Abdeckungen auf der Rückseite der Bohle, indem man mit einem Stechbeitel zwischen dem Holz und der Abdeckung einsticht **(Abb. 18)**. Die Abdeckung löst sich leicht. Verwenden Sie einen scharfen Stechbeitel, um überflüssigen Silikonkleber von der Bohle abzunehmen **(Abb. 19)**. Man kann das Silikon auch mit der Schleifmaschine entfernen, aber es kann passieren, dass sich das Schleifpapier dabei schnell zusetzt.

Beide Seiten der Bohle müssen geschliffen werden, um Epoxidharzüberstände zu entfernen. Wegen der Umwallungen aus Heißkleber auf der Oberseite wird das Harz dort deutlich über der umgebenden Holzoberfläche stehen. An der Rückseite bilden Harz und Holz eher eine fast ebene Fläche. Schleifen Sie beide Seiten, bis das Epoxidharz mit dem Holz bündig ist **(Abb. 20)**. Fangen Sie mit einer 80er Körnung an. Eine Bandschleifmaschine erledigt diese Aufgabe am schnellsten, aber man kann auch mit einem Exzenterschleifer arbeiten.

19 Stechen Sie überschüssiges Silikon von der Rückseite der Bohle ab, damit es nicht Ihr Schleifpapier zusetzt.

20 Schleifen Sie das Epoxidharz, bis es bündig mit dem Holz abschließt.

Nachdem das Epoxid eben geschliffen ist, schleifen Sie mit einem Exzenterschleifer das Harz und das umgebende Holz bis hinab zu einer 220er Körnung nach **(Abb. 21)**. Tragen Sie nach dem Schleifen ein Oberflächenmittel auf der gesamten Bohle einschließlich des Epoxidharzes auf. Bei vielen Epoxidprodukten kann das Schleifen mit feinerem Schleifmitteln als 220 die Haftfähigkeit von Oberflächenmitteln beeinträchtigen. In den Herstellerinformationen Ihres Produkts sollten Sie spezifische Hinweise zum Schleifen und zur Oberflächenbehandlung finden. Die aufwendige Arbeit lohnt sich jedoch angesichts des fertigen Ergebnisses: eine schöne, vollkommen ebene Bohle **(Abb. 22)**.

21 Abschließend werden Holz und Harz mit einem Exzenterschleifer nachgeschliffen.

22 Die Oberfläche der Bohle ist jetzt vollkommen eben, und aus Fehlern sind dekorative Elemente geworden. Durchsichtiges Epoxidharz lässt einen durch die Fehlstelle hindurchsehen

Risse mit Farbe füllen

Es gibt nichts daran auszusetzen, wenn die Bohlen, die Sie für Ihre Werkstücke verwenden, Risse aufweisen **(Abb. 23)** – es sei denn, Sie wünschen eine absolut ebene Oberfläche. Oberflächenmittel füllen Risse im Holz nicht aus, aber Epoxidharz schon. Sie müssen die Rückseite der Bohle versiegeln, um Leckagen zu verhindern. Kleine Risse bis zu einer Breite von 6 mm können mit Aluminiumklebeband oder Panzerband anstelle von Abdeckplatten versiegelt werden **(Abb. 24)**. Kleben Sie Panzerband auf jede Stelle, die auch nur im entferntesten so aussieht, als könne sie lecken. Drücken Sie das Klebeband nach dem Anbringen kräftig mit den Händen an, um sicherzustellen, dass es vollkommen dicht an der Bohle anliegt. Das Holz muss glatt sein, damit das Panzerband haftet. Wenn Sie diese Arbeit ausführen, nachdem Sie die Bohle mit der Handoberfräse abgerichtet haben, sollte das Holz glatt genug sein. Falls die Bohle noch Sägespuren vom Einschnitt im Sägewerk aufweist, haftet das Panzerband wahrscheinlich nicht gut genug, um die Risse zu versiegeln. Kleine Risse kann man oft mit einem Epoxid für geringe Schichtdicken anstatt mit einem für das Ausgießen füllen. Bevor Sie das tun, sollten Sie sich aber vergewissern, ob das Volumen des Risses nicht zu groß für dieses Produkt ist. Berechnen Sie die benötigte Epoxidmenge, mischen Sie Harz und Härter, und fügen Sie Farbpigment hinzu **(Abb. 25)**. Sie können eine unauffällige Farbe verwenden, etwa ein Schwarz oder Braun für eine Nussbaumbohle, oder den entgegengesetzten Weg wählen und eine Farbe benutzen, die heraussticht und so eigene Akzente setzt.

23 Risse und kleine Löcher geben einer Bohle Charakter, eignen sich aber nicht gut als Arbeitsfläche.

24 Ungewolltes Austreten des Harzes auf der Unterseite der Bohle lässt sich verhindern, indem man kleine Risse mit Klebeband abdichtet.

Gießen Sie das angemischte Epoxidharz in die Risse **(Abb. 26)**. Es ist in solchen Fällen schwierig, mit Umwallungen zu arbeiten, weil die Risse oft in einem größeren Gebiet der Bohle auftauchen. Verwenden Sie stattdessen einen Spachtel, um das Harz auf der Oberfläche zu verteilen und in die Risse zu schieben, bis sie voll sind **(Abb. 27)**. Lassen Sie das Epoxid eine Weile ruhen, und kontrollieren Sie dann, ob sie weiteres hinzufügen müssen. Falls Sie Blasen sehen, erwärmen Sie die nasse Epoxidoberfläche vorsichtig mit einer Heißluftpistole, und die Blasen verschwinden sofort. Schleifen Sie die Bohle, und behandeln Sie die Oberfläche, wenn das Epoxid ausgehärtet ist, um eine aufregende Platte mit schönen Akzenten zu erhalten. **(Bild 28)**

25 Mischen Sie das Harz und den Härter an, und geben Sie nach Wunsch Farbpigmente, Mica-Pulver oder beiden hinzu.

26 Füllen Sie die Risse mit dem farbigen Epoxidharz.

27 Drücken Sie das Harz mit einem Spachtel in die Risse.

28 Die gefüllten Risse in der Bohle sind schöne Dekorakzente.

Mit Schwalben arbeiten

Mit Schwalben kann man Risse zusammenhalten, Holzfehler verdecken oder einfach dekorative Akzente setzen. Wenn man kontrastierende Holzarten verwendet, fallen die eingelegten Schwalben wirklich ins Auge. In diesem Kapitel werden drei Herangehensweisen an das Einlegen von Schwalben in Holzbohlen vorgestellt. Man kann auch andere Formen als eine Schwalbe mit den gleichen Methoden in eine Holzfläche einlegen.

Die Grundregeln

Schwalben werden oft verwendet, um Risse zu überbrücken. Man sollte sich nicht erhoffen, dass eine Schwalbe den Riss daran hindert, größer zu werden. Wenn die Bohle trocken ist und nicht mehr arbeitet, sollten vorhandene Risse so bleiben, wie sie sind, und es sollten sich keine neuen Risse bilden. Aber Risse können die Bohle schwächen, und eine Schwalbe kann wie Brücke die beiden Teile verbinden und so die Stabilität der Bohle erhöhen.

Falls Sie eine Schwalbe verwenden, um einen Riss aus diesem Grund zu überbrücken, gilt als Faustregel, dass die Schwalbe mindestens 1/3 so stark sein sollte wie die Bohle. Das müssen Sie bei der Wahl der Methode berücksichtigen, um die Schwalbe herzustellen, weil manche Methoden die maximale Stärke der Schwalbe begrenzen. Wenn die Schwalbe allerdings rein dekorativ verwendet wird, spielt es keine Rolle, wie stark sie ist.

Die Größe der Schwalbe ist weitgehend eine Frage der Ästhetik, sie kann allerdings auch von der Größe des Risses abhängen, der überbrückt werden soll, oder des Holzfehlers, den Sie verdecken möchten. Wenn Sie einen Riss überbrücken, sollte mehr als die Hälfte jedes Flügels im Holz stecken. Wenn die Schwalbe 80 mm lang ist, ist jeder Flügel 40 mm, also sollten von jedem Flügel mindestens 20 mm von Holz umgeben sein.

Wenn die Schwalbe eine Aststelle der einen anderen Holzfehler verdecken soll, hängt ihre Größe davon ab, ob der Fehler ganz und gar verschwinden soll, oder Sie möchten, dass man einen Teil davon noch sehen kann.

Schwalben selbst herstellen

Wenn man Schwalben selbst herstellt, also keine kommerzielle Schablone verwendet, kann man die Abmessungen vollkommen auf die eigenen Bedürfnisse abstimmen. Reißen Sie die Schwalben so an, dass sie doppelt so lang sind wie die breiteste Stelle. Die Flügel sollten einen Winkel von 12 Grad aufweisen. Dieser Wert hat sich im Laufe der Zeit bewährt: Ein Winkel von 12 Grad ist weder zu spitz noch zu stumpf für eine effektive Schwalbe. Man verwendet die gleiche Methode, unabhängig davon, ob man eine Schwalbe auf Papier oder auf Holz anzeichnet. Am einfachsten lässt sich der 12-Grad-Winkel zeichnen, wenn man eine Schablone verwendet, die man auf diesen Winkel zuge-

1 Fertigen Sie eine Winkellehre zum Anreißen von Schwalben an, indem Sie ein Stück Restholz an der Tischkreissäge oder Gehrungssäge auf einen Winkel von 12° zuschneiden.

2 Zeichnen Sie ein Rechteck in der Länge und Breite der Schwalbe.

3 Verwenden Sie die Winkellehre, um die Form der Schwalbe in dem Rechteck anzuzeichnen.

4 Mit diesem Umriss können Sie Schwalben zeichnen.

5 Experimentieren Sie mit Papierschwalben unterschiedlicher Größe, um zu ermitteln, welche Größe (oder Größen) Sie für Ihr Werkstück benötigen.

6 Einen ‚Reißverschluss-Effekt' erhält man, indem man mehrere Schwalben abnehmender Größe einsetzt.

schnitten hat **(Abb. 1)**. Zeichnen Sie ein Rechteck mit den Außenmaßen der Schwalbe **(Abb. 2)**. Richten Sie die Ecke und die Kante der Schablone an jeweils einer Ecke und Kante dieses Rechtecks aus, und zeichnen Sie vier Linien im Winkel von 12 Grad **(Abb. 3)**, um eine Schwalbe zu erhalten **(Abb. 4)**.

Sie können die passende Schwalbengröße für Ihr Werkstück ermitteln, indem Sie unterschiedlich große Schwalben aus Papier ausschneiden und auf das Werkstück legen **(Abb. 5)**. Bei längeren Rissen möchten Sie vielleicht mehr als eine Schwalbe verwenden, die keineswegs die gleiche Größe haben müssen **(Abb. 6)**.

Wenn Sie entschieden haben, wie viele Schwalben welcher Größe Sie benötigen, können Sie sie auf dem Material anreißen, das Sie verwenden wollen. Die

7 Schneiden Sie die Schwalbe mit der Bandsäge, der elektrischen Stichsäge oder einer Handsäge aus. Sägen Sie auf der Außenseite des Risses.

Holzfasern sollten in Längsrichtung (von einem Ende der Schwalbe zum anderen) verlaufen. Schneiden Sie die Schwalbe auf der Außenseite des Risses aus **(Abb. 7)**. Verwenden Sie einen scharfen Stechbeitel, um die Sägespuren zu beseitigen und die vier Längskanten der Schwalbe bis zum Riss zu verputzen **(Abb. 8)**. Legen Sie die Spiegelseite des Beitels auf der Kante auf, und nehmen Sie nur jeweils dünne Späne ab. Die Kanten müssen im rechten Winkel zur Fläche der Schwalbe bleiben. Lassen Sie sich Zeit, und schneiden sie immer abwärts, also von der breiten Stelle der Schwalbe zur schmalen. Verwenden Sie die Kante des Stechbeitels, um zu prüfen, ob die Kante der Schwalbe gerade ist **(Abb. 9)**. Üben Sie dieses Verfahren an einem Stück Restholz, bevor Sie es am Material für das Werkstück anwenden. Die Kanten der Schwalbe sollten gerade sein. Da sie jedoch auf die Bohle übertragen werden, sind kleine Abweichungen annehmbar.

Geben Sie doppelseitiges Klebeband an die Rückseite der Schwalbe, und befestigen Sie die Schwalbe auf der Bohle **(Abb. 10)**. Das Klebeband stellt sicher, dass die Schwalbe nicht verrutscht, während Sie ihren Umriss auf die Bohle übertragen. Das beste Werkzeug, um den Umriss der Schwalbe zu übertragen, ist ein Anreißmesser **(Abb. 11)**. Damit lässt sich eine sehr

8 Schneiden Sie mit dem Stechbeitel von oben nach unten bis zum Bleistiftriss.

9 Kontrollieren Sie mit der Kante des Beitels, ob die Fläche gerade ist.

10 Befestigen Sie die Schwalbe mit doppelseitigem Klebeband.

11 Übertragen Sie die Umrisse der Schwalbe mit einem Anreißmesser auf die Bohle.

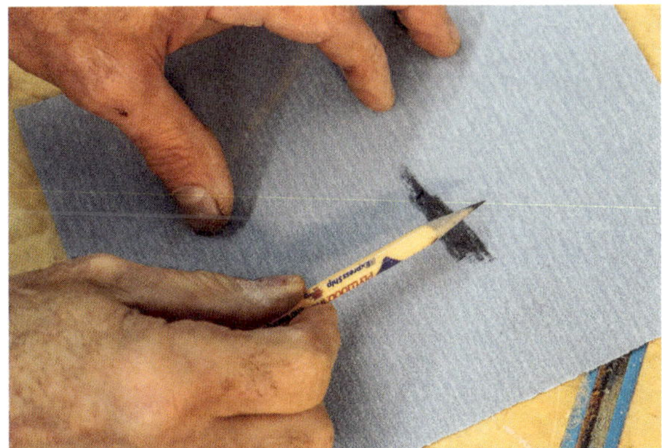

12 Falls Sie einen Bleistift für das Übertragen verwenden, sollte dieser sehr spitz sein.

präzise Linie anreißen, was wiederum für eine gute Passung zwischen Schwalbe und Ausfräsung in der Bohle sorgt. Falls Sie doch einen Bleistift verwenden, spitzen Sie ihn sehr scharf an, indem Sie ihn über 180er Schleifpapier rollen **(Abb. 12)**. Achten Sie darauf, dass das Anreißmesser oder der Bleistift beim Übertragen eng an der Schwalbe anliegen, damit Sie eine präzise Form erhalten, der Sie beim Fräsen folgen können **(Abb. 13)**.

13 Übertragen Sie den Umriss der Schwalbe sorgfältig auf die Bohle.

14 Die Schnitttiefe sollte etwa 1 mm weniger als die Stärke der Schwalbe betragen.

15 Bohren Sie ein Loch im Inneren des übertragenen Umrisses, um einen Anfangspunkt für den Schnitt mit dem Fräser zu erhalten.

16 Schneiden Sie die Aussparung freihändig. Üben Sie das Fräsen an Restholzstücken, bevor Sie es am Werkstück selbst ausführen.

17 Fräsen Sie den Verschnitt aus der Mitte der Aussparung, und arbeiten Sie sich dann langsam bis zu den Rissen heran.

Die Aussparung für die Schwalbe kann mit der Handoberfräse oder einer Kantenfräse geschnitten werden. Spannen Sie einen 6-mm-Nutfräser in der Fräse ein, und stellen Sie die Schnitttiefe ein **(Abb. 14)**. Verwenden Sie bei kleinen Schwalben (25 mm oder weniger breit) einen Fräser mit 3 mm Durchmesser. Die Schnitttiefe sollte etwas weniger als die Stärke der Schwalbe betragen. Bohren Sie ein Sackloch als Einsatzstelle für den Fräser **(Abb. 15)**. Stellen Sie die Bohrtiefe mit einem Stück Klebeband oder einem Bohrtiefeneinsteller auf das gleiche Maß ein, dass Sie auch als Schnitttiefe für den Fräser verwenden.

Die Aussparung für die Schwalbe wird freihändig gefräst. Halten Sie die Fräse so, dass Sie einen guten

18 Eine gut gefräste Aussparung lässt sich leicht mit dem Stechbeitel verputzen.

19 Stechen Sie die Seiten der Aussparung mit einem scharfen Stechbeitel bis zu den angerissenen Linien ab.

20 Versteifen Sie Ellbogen und Schulter, damit Sie sich auf den Stechbeitel lehnen können, um den Verschnitt abzustechen.

Blick in den Fräskorb haben und den Fräser sehen können **(Abb. 16)**. Lassen Sie Ihre Handballen auf der Bohle ruhen, sodass Sie die Fräse mit Ihren Fingern bewegen und nicht mit den Armen. Mit den Fingern lassen sich kleine, genaue Bewegungen besser ausführen. Beginnen Sie in der Mitte der Aussparung, und schneiden Sie immer größer werdende Kreise, um sich auf die übertragenen Risse hin zu arbeiten. Fräsen Sie bis auf etwa 1 bis 2 mm an die Risse heran **(Abb. 17)**. Je näher Sie an die Risse fräsen **(Abb. 18)**, desto einfacher ist das nachfolgende Verputzen mit dem Stechbeitel. Achten Sie aber darauf, nicht über die Risse hinaus zu fräsen. Falls Ihnen das doch passieren sollte, schneiden Sie eine größere Schwalbe aus, und wiederholen das Übertragen und Fräsen.

Arbeiten Sie die Passung der Schwalbe nach, indem Sie die Wandungen der Fräsung mit einem scharfen Stechbeitel verputzen **(Abb. 19)**. In der Regel kann man dabei ohne Klüpfel arbeiten, falls der Stechbeitel scharf ist und man die richtige Technik anwendet. Die Bohle

21 Schneiden Sie an den unteren Kanten der Schwalbe Fasen an, damit sie leichter einzusetzen ist.

22 Kontrollieren Sie zwischendurch immer wieder die Passung. Klopfen Sie die Schwalbe nicht zu weit in die Aussparung, weil sie sonst nicht mehr herausgenommen werden kann.

23 Geben Sie Leim auf den Grund der Aussparung.

24 Legen Sie eine Zulage auf die Schwalbe und klopfen Sie sie ein.

sollte etwa in Hüfthöhe gelagert sein, damit man sich über sie beugen kann. Halten Sie den rechten Arm und die Schulter steif, damit Ihr Oberkörper Druck auf den Stechbeitel ausübt, wenn Sie sich nach vorne beugen **(Abb. 20)** und einen Span von der Wandung der Fräsung abnehmen. Auf diese Weise kann man sehr gut kontrollieren, wie viel Material man abnimmt. Falls Sie Probleme mit dieser Arbeitsweise haben, können Sie aber auch ohne weiteres mit dem Klüpfel arbeiten. Achten Sie darauf, dass der Stechbeitel und die Wandungen der Fräsung senkrecht zur Oberfläche der Bohle stehen.

Die Schwalbe lässt sich leichter in die Aussparung stecken, wenn man die Kanten an ihrer Unterseite anfast **(Abb. 21)**. Prüfen Sie die Passung der Schwalbe

25 Schleifen Sie die Schwalbe mit der Oberfläche der Bohle bündig.

26 Ein präzise eingepasste Schwalbe stellt eine schöne Ergänzung Ihrer Arbeit dar.

wiederholt, indem Sie sie vorsichtig in die Aussparung klopfen **(Abb. 22)**. Da die Schwalbe freihändig geschnitten und verputzt wurde, gibt es nur eine bestimmte Lage, in der sie gut in die Aussparung passt. Achten Sie deshalb beim Prüfen der Passung darauf, dass Sie die Schwalbe in der korrekten Ausrichtung halten.

Geben Sie Leim an den Grund der Aussparung, wenn die Passung stimmt **(Abb. 23)**, und klopfen Sie die Schwalbe ein **(Abb. 24)**. Ein Stück Restholz sorgt dafür, dass der Hammer keine Spuren auf der Schwalbe hinterlässt und verteilt zugleich die Energie des Schlags, sodass die Schwalbe nicht reißt. Lassen Sie den Leim trocknen, schleifen Sie die Schwalbe bündig **(Abb. 25)** und bewundern Sie Ihr Werk **(Abb. 26)**.

Schwalben und Aussparungen mit Schablonen anfertigen

Es gibt Schablonensätze von verschiedenen Herstellern, mit denen man sowohl die Schwalben als auch die zugehörigen Aussparungen fräsen kann **(Abb. 27)**. Achten Sie darauf, dass Ihre Fräse die zu den Schablonen gehörenden Kopierhülsen aufnehmen kann. Die Kopierhülse in der Grundplatte dient als Führung für den Fräser und sorgt dafür, dass er nicht mit der Schablone in Berührung kommt. Bei diesen Schablonensätzen ist die Stärke der Schwalbe meist auf maximal 10 mm begrenzt.

Die Hersteller legen zwar detaillierte Anweisungen bei, aber es folgen hier noch einige Tipps, die Ihnen helfen, erfolgreich mit den Schablonen zu arbeiten. Man kann ein Gefühl für die Möglichkeiten bekommen, die eine Schablone bietet, indem man den Umriss auf die Bohle überträgt **(Abb. 28)**, um zu sehen, wie die Schwalbe wirken wird. Wegen der Kopierhülse ist die eigentliche Schwalbe allerdings etwas kleiner als der Umriss, den man so auf das Holz gezeichnet hat. Bei dunklen Hölzern empfiehlt sich

27 Kommerzielle Schablonensätze wie dieser werden mit einer zweiteiligen Kopierhülse geliefert. Ein abnehmbarer Ring an der Kopierhülse ermöglicht es, die Aussparung und die Schwalbe mit der gleichen Schablone zu fräsen.

die Verwendung eines weißen Stifts aus dem Künstlerbedarfshandel.

Üben Sie die Arbeit mit der Schablone, bevor Sie sie bei einem Ihrer Werkstücke einsetzen. Fräsen Sie zuerst die Aussparung, weil diese Arbeit leichter ist als das Fräsen der Schwalbe. Befestigen Sie die Schablone mit doppelseitigem Klebeband an der Bohle **(Abb. 29)**. Die Schnitttiefe des Fräsers sollte etwas geringer eingestellt werden als die Stärke der Schwalbe. Fräsen Sie die Aussparung in mehreren Durchgängen von höchstens 3 mm, um den Fräser und die Fräse zu schonen. Setzen Sie die Kopierhülse laut Herstelleranweisungen in die Oberfräse ein, stellen Sie die Fräse auf die Schablone, und senken Sie den Fräser in das Holz ab **(Abb. 30)**. Bewegen Sie den Fräser innerhalb der Schablone hin und her, bis Sie den gesamten Verschnitt entfernt haben. Dabei sammeln sich Späne und Holzstaub in der Schablone an. Unterbrechen Sie deshalb die Arbeit regelmäßig und entfernen Sie diese Verunreinigungen, damit sie sich nicht zwischen Kopierhülse und Schablonenrand setzen (was zu einer schlechten Passung führen kann). Führen Sie den Fräser abschließend einmal im Uhrzeigersinn um den Innenrand der Schablone.

28 Experimentieren Sie mit unterschiedlichen Größen und Positionen für die Schwalben, indem Sie die Schablone verwenden, um sie auf die Bohle zu zeichnen.

29 Befestigen Sie die Schablone mit doppelseitigem Klebeband auf dem Werkstück.

30 Stellen Sie die Oberfräse so auf die Schablone, dass sich die Kopierhülse innerhalb der Schablone befindet, tauchen Sie mit dem Fräser ins Holz ein, und entfernen Sie den Verschnitt im Inneren der Schablone.

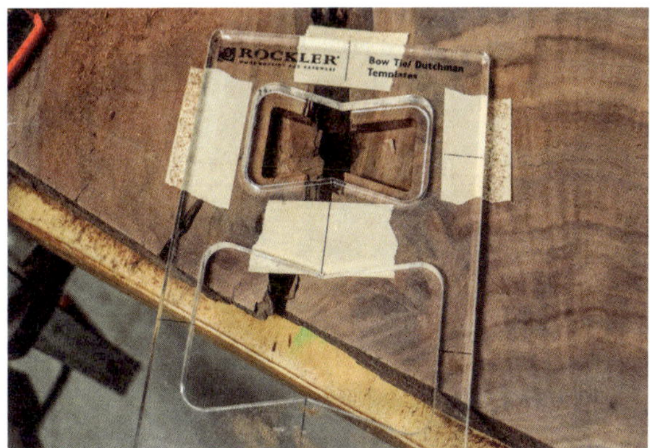

31 Kontrollieren Sie das Arbeitsergebnis, bevor Sie die Schablone abnehmen, und fräsen Sie gegebenenfalls nach.

Kontrollieren Sie das Arbeitsergebnis genau **(Abb. 31)**, bevor Sie die Schablone abnehmen. Vergewissern Sie sich, dass der Grund der Ausfräsung absolut eben ist. Falls es höhere Stelle gibt, wie hier gezeigt, ist es leicht, sie mit der Fräse einzuebnen, solange die Schablone noch angebracht ist. Kontrollieren Sie auch, ob die Wandung der Ausfräsung parallel zur Kante der Schablone verläuft. Falls die Wandung Ausbuchtungen nach innen aufweist, ist die Kopierhülse vom Schablonenrand abgewichen. Nehmen Sie gegebenenfalls Korrekturen vor, und entfernen Sie dann die Schablone.

Befestigen Sie das Material für die Schwalben auf einem Stück Restholz und die Schablone auf dem Material **(Abb. 32)**. Setzen Sie die Kopierhülse nach Angabe des Herstellers ein. Das Schwalbenmaterial sollte vor dem Fräsen auf die gewünschte Endstärke der Schwalben ausgehobelt worden sein. Die Unterlage aus Restholz unter dem Material ist wichtig, weil die Fräsung durch das Material hindurch geht. Stellen Sie die Schnitttiefe so ein, dass sie etwa 1 mm mehr als die Stärke des Materials beträgt. Stellen Sie die Fräse so auf die Schablone, dass die Kopierhülse dicht an der Schablone anliegt **(Abb. 33)**, und tauchen Sie den Fräser in

32 Verwenden Sie doppelseitiges Klebeband, um das Material für die Schwalbe an einem Stück Restholz und die Schablone am Schwalbenmaterial zu befestigen.

33 Richten Sie die Oberfräse sorgfältig an der Schablone aus, und tauchen Sie in das Material ein.

das Holz. Fräsen Sie im Uhrzeigersinn, und nehmen Sie bei jedem Durchgang maximal 3 mm Material ab. Beim Fräsen der Aussparung spielt es keine Rolle, wo man mit dem Fräser eintaucht, weil das gesamte Innere weggefräst wird. Beim Ausfräsen der Schwalbe muss die Kopierhülse aber dicht an der Schablone anliegen, weil man die Außenkante der Schwalbe fräst **(Abb. 34)**.

Kontrollieren Sie die Passung der Schwalbe. Wenn Sie die Schablonen erstmals benutzen, werden Sie die Schwalben häufiger neu schneiden müssen, weil es bei diesem Schnitt leicht vorkommt, dass die Kopierhülse von der Schablone abwandert. Geben Sie Leim in die Aussparung. Falls die Schwalbe in der Nähe einer Werkstückkante angebracht werden soll, kann man sie mit einer Zwinge einspannen **(Abb. 35)**. Legen Sie eine Zulage auf die Schwalbe, um den Pressdruck gleichmäßig zu verteilen. Zwischen Zulage und Schwalbe wird Wachspapier gelegt, damit man die Zulage nicht versehentlich an der Holzoberfläche festklebt, falls Leim austritt.

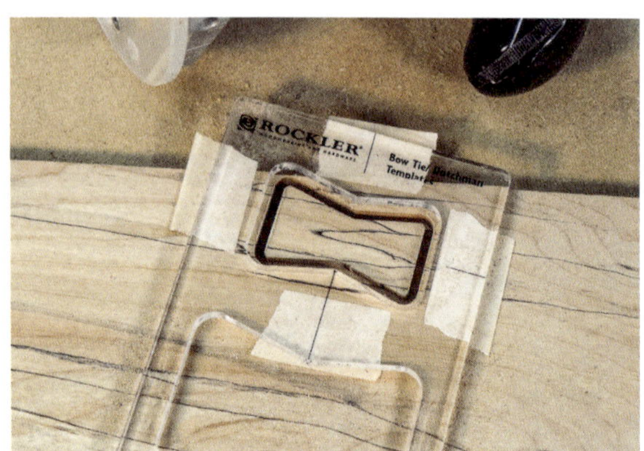

34 Arbeiten Sie sehr sorgfältig, wenn Sie die Schwalbe ausfräsen. Falls die Kopierhülse von der Schablone abwandert, ist die Schwalbe unbrauchbar.

35 Leimen Sie die Schwalbe ein. Legen Sie Wachspapier zwischen die Zulage und die Schwalbe.

36 Kleine Lücken wie diese können entstehen, wenn die Kopierhülse nicht dicht an der Schablone geführt wurde. Sie lassen sich jedoch leicht korrigieren.

37 Geben Sie mit dem Finger etwas Holzleim in die Fugen.

Falls sich zwischen der Schwalbe und der Aussparung kleine Lücken zeigen **(Abb. 36)**, geben Sie Leim hinein **(Abb. 37)**. Schleifen Sie die Schwalbe mit einem Schleifklotz und 120er Schleifpapier, solange der Leim noch feucht ist **(Abb. 38)**. Der Schleifstaub und der Leim mischen sich und füllen die Fuge mit einem perfekt gefärbten Holzkitt. Das ist jetzt ein Geheimtipp, den wir für uns behalten, damit niemand sonst auf die Idee kommt **(Abb. 39)**.

Beachten Sie, dass Schwalben, die man mit diesen Schablonen zuschneidet, nicht spitze, sondern abgerundete Ecken haben.

38 Schleifen Sie, solange der Holzleim noch feucht ist.

39 Ein großartiger Trick, um kleine Fugen und Lücken in Ihren Werkstücken zu verstecken.

40 Kommerzielle Schablonensätze wie der hier gezeigte verwenden eine einteilige Kopierhülse. Man kann mit ihnen Schwalben mit scharfen Ecken fräsen und auch zweifarbige Schwalben herstellen.

Zweifarbige Einlage

Bei einem anderen Hersteller wird die Aussparung ebenfalls mit einer Kopierhülse gefräst **(Abb. 40)**. Die Schwalben sind allerdings vorgefertigt von der Firma zu beziehen. Dadurch hat man eine große Auswahl an Schwalben, zum Beispiel zweifarbige oder aus Metall angefertigte. Man kann auch Verbindungselemente kaufen, die andere Umrisse haben. Bei dieser Methode sind zudem die Ecken der Schwalben spitz (nach einer kleinen Nachbearbeitung mit dem Stechbeitel).

Das Fräsen ist so ähnlich wie bei dem zuvor beschriebenen Schablonensatz, allerdings benötigt man in diesem Fall keine Oberfräse mit Eintauchfunktion, da man die Schwalbe nicht selbst ausfräst. Fräsen Sie die Aussparung, und stechen Sie dann mit einem scharfen Beitel die Ecken nach **(Abb. 41)**. Im Gegensatz zu den vollkommen in Eigenarbeit hergestellten Schwalben benötigt man in diesem Fall den Stechbeitel nur für das Ausputzen der Ecken. Kleben Sie die Schwalbe in die Aussparung **(Abb. 42)**, lassen Sie den Klebstoff trocknen, und schleifen Sie die Schwalbe bündig, um eine ansprechende zweifarbige Verbindung zu erhalten **(Abb. 43)**.

Die Hersteller dieser Schablonensätze bieten viele andere Formen als nur einfache Schwalben an, meist auch in unterschiedlichen Größen. Wenn man Holzfehler verdecken möchte, kann man auch einer entsprechende Aussparung fräsen und dann mit Epoxidharz füllen, anstatt eine Einlage aus Holz einzusetzen.

41 Stechen Sie die Ecken mit einem Beitel nach, wenn die Aussparung gefräst ist.

42 Leimen Sie die zweifarbige Schwalbe ein.

43 Schleifen Sie die Schwalbe bündig.

Der Wasserfall-effekt

Wenn man eine Bohle zersägt und die Sägekanten auf Gehrung schneidet, kann man sie so wieder zusammenfügen, dass die Holzmaserung im rechten Winkel von der waagerechten in die senkrechte Fläche verläuft. Die Wirkung erinnert an einen Wasserfall, der über die Kante stürzt, und wird häufig für Tischplatten und -beine verwendet. Man kann die Verbindung aber auch in anderen Fällen verwenden, in denen zwei Flächen rechtwinklig aufeinandertreffen.

1 Bohlen für Werkstücke mit Wasserfalleffekt müssen lang genug sein, um alle Bauteile zu liefern, die für das Werkstück benötigt werden.

2 Messen Sie an zwei Stellen die Breite der Bohle, und markieren Sie die Mitte.

3 Verwenden Sie ein langes Lineal oder ein Richtscheit, um die beiden Mittenpunkte mit einer Linie zu verbinden.

4 Reißen Sie die Lage der Gehrung anhand der Länge der Tischbeine an. Geben Sie dafür zur Endlänge der Beine mindestens 25 mm hinzu.

Materialwahl

Die Bohle, die Sie für ein Wasserfall-Werkstück verwenden, muss so lang sein, dass Sie alle benötigten Teile aus ihr schneiden können **(Abb. 1)**. Für einen 400 mm hohen Couchtisch mit 1200 mm Länge benötigt man zum Beispiel eine Bohle mit mehr als 2000 mm Länge, wenn beide Beine als Wasserfall gestaltet werden sollen. Sie können auch kürzere Bohlen verwenden, wenn Sie nur ein Bein als Wasserfall ausführen und am gegenüberliegenden Ende zu einer anderen Lösung (etwa gekaufte Tischbeine) greifen.

Anreißen der Trennschnitte

Bohlen mit Baumkante haben in der Regel keine geraden Ränder, an die man einen Anreißwinkel anlegen kann. Sie müssen also eine Bezugslinie erstellen, von der aus Sie die Trennschnitte anreißen können, die Sie für die Wasserfallkante benötigen. Zeichnen Sie zu diesem Zweck eine Mittellinie auf Ihrer Bohle an. Gehen Sie von dem Ende der Bohle aus, an dem der Wasserfall entstehen soll (von beiden Enden, falls Sie an beiden Enden der Bohle Beinstücke abschneiden wollen), und reißen Sie an zwei Stellen die Mitte der Bohle an **(Abb. 2)**. Verbinden Sie diese beiden Mittenpunkte **(Abb. 3)**, um eine durchgehende Mittelinie zu erhalten. Markieren Sie die Lage der Trennschnitte auf der Mittellinie **(Abb. 4)**. Dieses Maß sollte der Länge der Beinstücke zuzüglich 25 mm entsprechen. Die Beine werden auf Endlänge geschnitten, nachdem man die Gehrung geschnitten hat.

Falls Sie einen 400 mm hohen Tisch mit Wasserfällen an beiden Enden bauen, liegt der Gehrungsschnitt bei 425 mm. Falls nur ein Ende des Tischs als Wasserfall gestaltet und das andere Ende mit kommerziellen Tischbeinen versehen werden soll (wie in unserem Beispiel), geben Sie zur Länge der Beine 25 mm und zusätzlich noch die Stärke der Bohle in Millimetern hinzu, um die Lage des Trennschnitts zu ermitteln. Ein Zimmermannswinkel ist gut geeignet, um die Trennschnitte anzureißen.

Legen Sie einen Schenkel des Winkels auf die Mittellinie, sodass sich die Ecke an der Position des

5 Legen Sie einen Schenkel des Winkels auf der Mittellinie an, und zeichnen Sie eine Linie an, wo sich die Gehrung befinden soll.

6 Verlängern Sie die Linie, indem Sie den Winkel an der soeben gezeichneten Linie anlegen und über die Restbreite der Bohle zeichnen.

7 Damit ist die Gehrung präzise auf der Bohle angerissen.

8 Richten Sie die Führungsschiene an der angerissenen Linie an.

9 Stellen Sie Ihre Säge auf einen Winkel von 45° ein. Kontrollieren Sie die Einstellung sorgfältig.

Trennschnitts befindet, und reißen Sie am anderen Schenkel eine Linie senkrecht zur Mittellinie an **(Abb. 5)**. Richten Sie dann den Winkel an dieser Linie aus, und reißen Sie sie quer über die Bohle an **(Abb. 6)**. Sie erhalten so einen Riss für den Trennschnitt, der senkrecht zu der Mittellinie verläuft, die Sie auf der Bohle angerissen haben **(Abb. 7)**.

Die Gehrung schneiden

Am einfachsten und besten lässt sich die Gehrung für eine Wasserfallkante mit einer Handkreissäge und Führungsschiene schneiden. Auf diese Weise ist die Genauigkeit gewährleistet, die man für eine ansprechend aussehende und präzise zusammenpassende Gehrung benötigt. Es empfiehlt sich sehr, diese Gehrungsschnitte an Restholz zu üben, bevor man sie am Material für ein Werkstück ausführt. Auf keinen Fall sollte man versuchen, die Gehrungen freihändig zu schneiden.

Befestigen Sie die Bohle so, dass sie sich während des Sägens nicht verschieben kann. Richten Sie die Führungsschiene am Riss aus **(Abb. 8)**, und spannen Sie sie an. Der längere Teil der Bohle wird an der Werkbank angespannt, der kürzere Teil ragt über die

10 Führen Sie den Gehrungsschnitt in einem ruhigen, durchgehenden Zug über die Breite der Bohle durch.

Arbeitsfläche hinaus. Stützen Sie den kürzeren Teil ab, damit er nicht hinabfällt, wenn Sie die Gehrung schneiden. Stellen Sie die Handkreissäge genau auf einen 45°-Schnitt ein **(Abb. 9)**. Schneiden Sie dann die Gehrung an **(Abb. 10)**.

Räumen Sie den längeren Teil der Bohle beiseite, und spannen Sie das soeben geschnittene Beinstück auf der Werkbank an. Richten Sie die Führungsschiene

11 Legen Sie die Führungsschiene so auf den Gehrungsschnitt am Bein, dass ihre Kante genau auf dem Winkel zwischen Gehrung und waagerechter Holzfläche liegt.

12 Schneiden Sie die zweite Gehrung. Achten Sie auch diesmal darauf, die Säge ruhig und in einem Zug durch den Schnitt zu führen.

an der Gehrung aus **(Abb. 11)**, und spannen Sie sie an. Dies ist der wichtigste Schritt, wenn man eine gute Wasserfallkante erhalten möchte. Die Kante sieht am besten aus und die Maserung läuft am besten von der waagerechten Fläche zur senkrechten, wenn Sie nicht mehr Material abnehmen als unbedingt nötig. Die Führungsschiene wird deshalb an der Stelle angelegt, an der die waagerechte Fläche auf den Gehrungsschnitt trifft, sodass die Säge kein Material vom waagerechten Bohlenteil abnimmt. Führen Sie den Schnitt aus **(Abb. 12)**, und legen Sie das dreieckige Abfallstück beiseite. Sie benötigen es, wenn die Verbindung verleimt wird.

Die Beine auf Endlänge bringen

Jetzt können Sie das Bein oder die Beine auf Endlänge bringen. Falls Sie an einer Seite ein hinzugekauftes Bein anbringen, können Sie es als Lehre verwenden, um die Länge des Wasserfall-Beins anzureißen. Legen Sie ein Ende des Metallbeins an der Gehrungskante an der Innenseite des Holzbeins an, und markieren Sie am anderen Ende an zwei Stellen die Endlänge **(Abb. 13)**.

13 Legen Sie die Endlänge des Wasserfallbeins fest, indem Sie die Länge des hinzugekauften Metallbeins auf das Material übertragen.

14 Richten Sie die Führungsschiene am Riss an, und schneiden Sie das Bein auf Endlänge.

15 Legen Sie alle 50 mm bis 75 mm der Gehrung Lamello-Formfedern aus, und übertragen Sie ihre Lage auf beide Bohlenteile.

Richten Sie die Führungsschiene an diesen beiden Markierungen aus, und längen Sie das Bein mit der Handkreissäge ab **(Abb. 14)**.

Falls Sie zwei Beine mit Wasserfällen geplant haben, legen Sie deren Endlänge fest, indem Sie die vorgesehene Länge des Beins an der Außenseite des Beinstücks anreißen. Messen Sie dazu von der längeren Kante der Gehrung, um die Länge von der Tischplatte (oder der Sitzfläche einer Bank) bis zum Boden festzulegen. Markieren Sie die Länge an zwei Stellen, richten Sie die Führungsschiene an diesen Markierungen aus, und führen Sie die Schnitte aus.

Wenn man auf diese Weise das Bein (oder die Beine) erst auf Länge schneidet, nachdem man die Gehrung geschnitten hat, hat das den Vorteil, dass das untere Ende des Beins parallel zur Gehrungskante verläuft, sodass der fertige Tisch nicht kippelt. Außerdem stellt man durch das Übertragen der Länge eines hinzugekauften Beins sicher, dass das auf Gehrung gearbeitete Wasserfallbein die gleiche Länge hat.

16 Stellen Sie die Lamellofräse so ein, dass sie in der Mitte der Gehrung schneidet. Kontrollieren Sie, dass die Fräsung bei dieser Einstellung nicht bis auf die Sichtseite des Bauteils durchgeht.

Die Gehrungsverbindung verstärken

Eine Gehrungsverbindung ist von Natur aus nicht sehr belastbar. Deshalb muss eine auf Gehrung gearbeitete Wasserfallkante verstärkt werden, vor allem bei einem Tisch oder eine Bank. Dazu kann man lose Zapfen oder Dübel verwenden (zum Beispiel einfache Dübel oder Dominos oder Lamellos).

Legen Sie die auf Gehrung geschnittenen Teile der Bank Gehrungskante an Gehrungskante auf die Werkbank. Markieren Sie im Abstand von 50 mm bis 75 mm die Lage von #20er Lamellos auf beiden Teilen der Verbindung **(Abb. 15)**. Stellen Sie die Lamellofräse so ein, dass sie eine Fräsung im Winkel von 45° ausführt. Achten Sie auf die Frästiefe, damit der Fräser nicht zu tief (also bis durch die Sichtseite des Werkstücks) schneidet.

Nehmen Sie die Fräse vom Stromnetz, legen Sie sie an der Kante des Werkstücks an, und fahren Sie den Fräser bis zur Maximaltiefe aus **(Abb. 16)**. Kontrollieren Sie die Position des Fräsers im Verhältnis zur Sichtseite des Werkstücks. Verändern Sie die Einstellung des Fräsanschlags und die Lage der Fräsungen gegebenenfalls. Schneiden Sie nach diesen Einstellarbeiten die Schlitze für die Lamellos in die Teile des Werkstücks **(Abb. 17)**.

17 Schneiden Sie die Schlitze für die Lamellos in beide Verbindungsteile.

Füße an den Beinen anarbeiten

Es ist nicht unbedingt notwendig, die Beine mit Füßen zu versehen. Aber Füße können dazu beitragen, dass Ihr Werkstück nicht wackelt. Fußböden sind nur selten vollkommen eben. Falls Sie das untere Ende des Tischbeins gerade lassen, kann der Tisch auf einem unebenen Fußboden kippeln. Außerdem sind Füße ein reizvolles Detail an einem Tischbein.

Mit der folgenden Methode kann man einen kleinen Bogen zwischen den beiden Füßen ausschneiden. Teilen Sie die Breite des Beins durch drei, und das Ergebnis dann durch zwei, um die Breite der Füße zu erhalten. Reißen Sie die Füße am Bein an. Spannen Sie Holzklötze an den Rissen an, wenn Sie mit der Aufteilung zufrieden sind **(Abb. 18)**. Falls Ihnen das Ergebnis nicht gefällt, können Sie natürlich die Breite der Füße vergrößern oder verkleinern, bis das Aussehen Ihren

18 Markieren Sie die Position der Füße, und spannen Sie Klötze an den Rissen an.

19 Reißen Sie den Bogen an, indem Sie ein flexibles Lineal oder eine dünne Holzleiste gegen die Klötze drücken und daran entlang zeichnen.

20 Befestigen Sie die Verleimzulagen mit Heißkleber oder doppelseitigem Klebeband am Holz.

Vorstellungen entspricht. Legen Sie ein flexibles Lineal oder ein dünnes Holzstück an den beiden Holzklötzen an, und üben Sie in der Mitte Druck aus, um es durchzubiegen **(Abb. 19)**. Übertragen Sie den Bogen, wenn er Ihnen harmonisch erscheint. Der hier gezeigte Bogen hat eine Stichhöhe von 25 mm. Schneiden Sie den Bogen mit einer Handsäge oder elektrischen Stichsäge aus, und schleifen Sie die Schnittkante glatt.

Montage der Gehrungsverbindung

Legen Sie alles Notwendige zurecht, bevor Sie mit dem Verleimen beginnen – Klüpfel, Leim, Leimpinsel und Zwingen. Es ist nicht so angenehm, wenn man in der Werkstatt rumlaufen und Werkzeuge zusammensuchen muss, nachdem man mit der Montage begonnen hat.

Nehmen Sie das dreiseitige Reststück, dass beim Anschneiden übrig geblieben ist, und schneiden Sie daraus Verleimzulagen mit einer Länge von 50 mm bis 75 mm. Bringen Sie die Zulagen an beiden Bestandteilen der Gehrungsverbindung mit doppelseitigem Klebeband oder Heißkleber an **(Abb. 20)**. Der Abstand

21 Decken Sie die Innenseite der Verbindung mit Klebeband ab, damit austretender überschüssiger Leim nicht auf die Bauteile gerät.

zwischen den Zulagen sollte etwa 75 mm betragen, der Abstand zur Gehrungskante etwa 6 mm. Für breite Bohlen benötige man mehr Zulagen als für schmale. Die Zulagen sorgen dafür, dass die Zwingen senkrecht zur Leimfläche Druck ausüben. Falls notwendig, können Sie zusätzliche Verleimzulagen herstellen,

22 Geben Sie Leim an die Verbindungsfläche und in die Schlitze für die Lamellos. Stecken Sie die Lamellos in die Schlitze, und geben Sie Leim an die hervorstehenden Hälften.

23 Geben Sie Leim an die andere Verbindungsfläche und in die Schlitze. Das Hirnholz von Gehrungsverbindungen saugt viel Leim auf, deshalb ist es wichtig, Leim an beide Verbindungsflächen zu geben.

indem Sie einen 45°-Winkel an Reststücken anschneiden. Drehen Sie die Bauteile um, und kleben Sie die Innenseiten mit Klebeband bis an die Gehrungskante ab **(Abb. 21)**.

Legen Sie die Bauteile so auf der Werkbank zurecht, dass Sie das Werkstück zusammenbauen können. Falls Sie an einem Ende ein Metallbein verwenden, spannen Sie es dort fest, um dieses Ende des Werkstücks abzustützen. Oder Sie legen Restholzstücke mittig unter die Platte, um sie so hoch zu bringen, dass Sie die Beine unter die Gehrungskante schieben können. Schützen Sie die Arbeitsfläche Ihrer Werkbank vor Leim, indem Sie Packpapier oder ähnliches darauflegen.

Geben Sie Tischlerleim auf die Gehrungsfläche und in die Lamello-Schlitze **(Abb. 22)**. Stecken Sie die Lamellos in die Schlitze, und geben Sie Leim an die hervorstehenden Hälften. Geben Sie auch Leim an die andere Gehrungsfläche und die Schlitze des anderen Bauteils **(Abb. 23)**. Fügen Sie die Verbindung zusammen, und entfernen Sie die Holzstücke, mit denen Sie die Platte abgestützt haben **(Abb. 24)**. Achten Sie beim Zusammenfügen auf die Maserung. Verschieben Sie die Bauteile gegeneinander, bis die Maserung vom waage-

24 Stecken Sie die Verbindung zusammen und entfernen Sie die provisorische Stütze.

rechten Bauteil nahtlos in die senkrechten Flächen übergeht. Verwenden Sie nötigenfalls einen Schonhammer, um die Bauteile zu justieren **(Abb. 25)**.

Die Kanten der Bauteile müssen dabei nicht fluchten – darum kümmern wir uns später. Wenn die Maserung richtig ausgerichtet ist, setzen Sie Zwingen an den Verleimzulagen an, und ziehen die Verbindung zusammen **(Abb. 26)**.

Wenn der Leim ausreichend Zeit zum Trocknen gehabt hat (ich gebe der Verbindung meist volle 24 Stunden zum Trocknen), klopfen Sie die Verleimzulagen vorsichtig mit einem Schonhammer vom Werkstück **(Abb. 27)**. Falls Sie Heißkleber verwendet haben, um die Verleimzulagen anzubringen, müssen Sie den Kleber eventuell mit einer Heißluftpistole wieder weich machen, um die Zulagen zu lösen.

25 Klopfen Sie mit einem Schonhammer vorsichtig auf die Kanten der Bohlen, bis der Maserungsverlauf der beiden Teile zusammenpasst.

26 Setzen Sie Zwingen an den Verleimzulagen an, und ziehen Sie die Verbindung zusammen.

27 Lassen Sie den Leim trocknen, und schlagen Sie dann die Verleimzulagen vorsichtig los.

Die Gehrungsverbindung nacharbeiten

Es kann sein, dass Sie die Gehrung mit dem Wasserfalleffekt etwas nacharbeiten müssen. Machen Sie sich keine Sorgen, falls kleine Lücken in der Verbindung zu sehen sind **(Abb. 28)**. Sie lassen sich leicht beseitigen. Geben Sie mit dem Finger oder einem Spachtel Holzkitt in die Lücken **(Abb. 29)**. Klopfen Sie vorsichtig mit einem Hammer auf die Kante, solange der Kitt noch feucht ist **(Abb. 30)**. Dadurch werden die Holzfasern in die Lücke geklopft. Lassen Sie den Holzkitt trocknen.

Sehen Sie sich in der Zwischenzeit die Längskanten der Bohle an. Sie werden wahrscheinlich an den Ecken nicht fluchten **(Abb. 31)**. Das liegt nicht an einem Fehler, den Sie gemacht haben. Vielmehr liegt es an der Baumkante und der Gehrung. Es ist unwahrscheinlich, dass das natürliche Profil der Baumkante genau ineinander übergeht, wenn die auf Gehrung geschnittenen Bauteile ‚zusammengefaltet' werden. Schleifen

28 Kleine Lücken in der Verbindung lassen sich leicht ausbessern.

29 Verwenden Sie einen Holzkitt in einer Farbe, die zu dem Material passt, das sie für ihr Werkstück verwendet haben, und drücken Sie ihn in die Lücken der Verbindung.

30 Klopfen Sie vorsichtig mit einem Hammer auf die Spitze der Gehrung, solange der Kitt noch feucht ist.

31 Kontrollieren Sie die Kanten der Bohlen. Sie werden wahrscheinlich nicht bündig abschließen.

32 Schleifen Sie die Kanten manuell, um sie aneinander anzugleichen.

33 Schleifen Sie die Gehrungskante.
Gehen Sie vorsichtig vor, damit sie nicht zu viel Material entfernen und die Lücken wieder sichtbar werden.

34 Schleifen Sie mit feinem Schleifpapier in Handarbeit die Spitze der Gehrung leicht rund.

Sie die Ecken mit dem Schleifklotz und 180er Schleifpapier, um die Kanten ineinander übergehen zu lassen. Schleifen Sie auch die Gehrungskante, wenn der Holzkitt getrocknet ist **(Abb. 32 und 33)**. Verwenden Sie feines Schleifpapier, und nehmen Sie nicht zu viel Material ab. Falls Sie nicht vorsichtig arbeiten, kann es passieren, dass Sie durch den Kitt und die umgebogenen Holzfasern hindurch schleifen und Lücken in der Kante wieder freilegen. Runden Sie die Kante sanft mit dem Schleifklotz ab **(Abb. 34)**.

Verwenden Sie auch hier wieder feines Schleifpapier, und schleifen Sie nicht mehr als notwendig, um nicht neue Lücken entstehen zu lassen. Auf diese Weise gelangen Sie zu einer sehr ansprechenden Gehrungsverbindung und einem schönen Wasserfalleffekt **(Abb. 35)**.

35 Das Ergebnis ist ein großartig aussehender Wasserfall, der über die Kante der Bohle fließt.

Eigenbau einer Führungsschiene

Eine kommerzielle Führungsschiene für die Handkreissäge ist das beste Hilfsmittel, um eine Wasserfallkante zu schneiden, aber man kann durchaus auch eine selbst gebaute Führungsschiene verwenden. Rüsten Sie Ihre Handkreissäge mit einem Feinschnittblatt auf, und messen Sie vom Sägeblatt bis zur Kante der Grundplatte der Säge **(Abb. A)**. Addieren Sie 100 mm zu diesem Maß, und schneiden Sie ein Stück 6 mm starkes Material auf die errechnete Breite zu. Eine gute Länge für eine selbst hergestellte Führungsschiene sind 1000 mm, aber Sie können sich je nach der Größe Ihrer Werkstücke auch für eine beliebige andere Länge entscheiden.

Befestigen Sie eine Leiste (20 x 50 mm Querschnitt) mit Leim auf der 6 mm starken Platte **(Abb. B)**. Diese Leiste ist der Anschlag, an dem die Handkreissäge geführt wird, sie sollte deshalb möglichst gerade zugeschnitten werden. Spannen Sie die Führungsschiene auf der Werkbank an, wenn der Leim trocken ist, und stellen Sie die Handkreissäge auf einen 45°-Schnitt ein. Legen Sie die Kante der Grundplatte Ihrer Handkreissäge an den Anschlag, und sägen Sie durch die Platte der Führungsschiene **(Abb. C)**. Dadurch entsteht eine 45°-Fase an der Platte der Führungsschiene, mit der die Führungsschiene auf Ihrem Werkstück ausgerichtet wird.

Legen Sie die Führungsschiene auf die Bohle, und richten Sie die Fase der Platte am Riss für den Gehrungsschnitt aus **(Abb. D)**. Spannen Sie die Führungsschiene an der Bohle fest, und führen Sie den Schnitt aus **(Abb. E)**. Nehmen Sie die Führungsschiene ab, richten Sie sie am Beinstück aus, und spannen Sie sie fest. Sägen Sie das Gegenstück der Gehrungsverbindung.

Falls Sie auch für das Sägen von rechtwinkligen Kanten eine Führungsschiene benötigen, stellen Sie ein zweites Exemplar her, bei dem Sie die Platte wie oben beschrieben, aber mit senkrecht stehendem Kreissägeblatt auf Breite geschnitten haben.

A Messen Sie die Entfernung vom Sägeblatt bis zur Kante der Grundplatte.

B Leimen Sie den Anschlag auf der 6 mm starken Platte fest.

C Legen Sie die Grundplatte der Handkreissäge am Anschlag an, und sägen Sie durch die Platte.

D Verwenden Sie die Fase, die Sie angeschnitten haben, um die Führungsschiene am Werkstück auszurichten: Der Winkel an der Gehrung wird an der angerissenen Linie angelegt.

E Schneiden Sie die Gehrung so, wie für eine kommerzielle Führungsschiene beschrieben.

Mittel für Oberflächenbehandlung von Holz

Über die Auswahl eines passenden Oberflächenmittels für Ihr Holzwerkstück und darüber, wie dieses Mittel aufzutragen ist, könnte man ein eigenes Buch schreiben. Ich würde Ihnen auf jeden Fall empfehlen, einige zuverlässige Quellen zu dem Thema zur Rate zu ziehen. (siehe Ressourcenseite im Anhang). Nach diesem Hinweis noch einige Methoden aus meiner Werkstattpraxis, die sich besonders für die Oberflächenbehandlung der hier vorgestellten Werkstücke aus Bohlen mit Baumkante anbieten.

Lebensmitteltaugliche Oberflächenmittel

Fast jedes Oberflächenmittel ist lebensmitteltauglich, wenn es getrocknet beziehungsweise ausgehärtet ist. Aber Gegenstände, die regelmäßig mit Lebensmitteln in Berührung kommen, werden meist auch mit Seife und heißem Wasser, vielleicht auch mit einem Messer oder anderen Gerätschaften bearbeitet. Ganz allgemein müssen sie öfter als die meisten Möbelstücke eine Behandlung durchmachen, die jedes Oberflächenmittel an seine Grenzen bringen würde.

Schneidbretter und Aufschnittplatten werden sehr stark strapaziert. Anstelle eines undurchdringlichen Oberflächenmittels greife ich lieber zu einem, das leicht aufzufrischen ist. Und um gut schlafen zu können verwende ich für diese Werkstücke am liebsten ein Mittel, das harmlos ist, wenn es in den Körper gelangt. Paraffinöl ist ein gutes Oberflächenmittel für Holzgegenstände, die mit Holz in Berührung kommen **(Abb. A)**. Das Öl verleiht dem Holz einen leichten Glanz und einen gewissen Schutz. Falls das Holz durch die Reinigung oder im Laufe des Gebrauchs austrocknet, kann man das Öl mit Küchenpapier erneut auftragen. Paraffinöl bekommt man im Baumarkt oder preiswerter in der Drogerie, wo es als Abführmittel angeboten wird. Falls Sie eine etwas seidigere Oberfläche vorziehen, können Sie das Paraffinöl auch mit Bienenwachs mischen und auftragen. Diese Mischung wird auch oft als Oberflächenmittel für Hackklötze angeboten. Meiden sollten Sie die meisten Speiseöle, wie etwa Olivenöl, die oft nicht richtig aushärten und bei Kontakt mit Luft oder Wasser ranzig werden können.

A Einfaches Paraffinöl ist ein gutes lebensmitteltaugliches Oberflächenmittel. Man bekommt es im Baumarkt oder der Drogerie.

Der Auftrag dieser Mittel ist einfach. Richten Sie zuerst die Holzfaser mit Wasser auf. Wenn man Wasser auf das Holz gibt und es dann trocknen lässt, richten sich die Fasern an der Oberfläche auf, und das Holz fühlt sich rau an. Schleifen Sie die aufgerichteten Holzfasern mit feinem Schleifpapier (220er Körnung oder feiner) ab, und geben Sie dann großzügig Öl oder eine Öl-Wachs-Mischung auf das Holz und lassen Sie es eine Weile einziehen. Manche Holzwerker gießen Paraffinöl in eine Wanne und tauchen ihr Werkstück einfach ein, um eine größere Sättigung zu erreichen. Polieren Sie den Überstand mit einem Baumwolltuch, bis sich das Holz gut trocken anfühlt. Wiederholen Sie diesen Vorgang später, falls das Brett aufgrund der Benutzung und des Abspülens austrocknen sollte.

Möbeloberflächen

Die Oberflächen von Möbeln sollten mit einem Mittel behandelt werden, dass die Maserung etwas anfeuert und mehr Schutz bietet. Als Heimwerker sollte man auch wissen, wie das Oberflächenmittel aufgetragen wird und woraus es besteht.

Unter dem Namen Danish Oil gibt es kommerzielle Produkte, die sich gut mit einem Tuch auftragen lassen **(Abb. B)**. Sie enthalten drei Hauptbestandteile: ein Öl, einen Lack und einen Verdünner. Das bedeutet, dass Sie es auch selbst herstellen können (was billiger ist, falls man es häufig verwendet). Die drei Bestandteile des Mittels wirken zusammen: das Öl feuert die Maserung an, der Lack sorgt für Schutz, und der Verdünner ermöglicht den leichteren Auftrag mit einem Tuch.

Geben Sie etwas von dem Mittel auf ein Baumwolltuch, nachdem Sie das Werkstück bis zu einer 220er Körnung geschliffen haben, und tragen Sie auf. Nehmen Sie den Überstand nach einigen Minuten mit einem sauberen Baumwolltuch ab. Lassen Sie das Oberflächenmittel trocknen, und wiederholen Sie dann den Vorgang. Falls sich Staub auf der Oberfläche abgesetzt haben sollte oder sie sich aus anderen Gründen rau anfühlt, schleifen Sie einfach vorsichtig mit einem feinen Papier (mindestens Körnung 220, besser höher) in Faserrichtung, und tragen Sie dann wieder Oberflächenmittel auf. Bei kleinen Tischen oder bei Regalen bieten drei Schichten normalerweise ausreichenden Schutz. Eine größere Tischplatte benötigt meist mehr Schutz, man sollte also sechs oder mehr Schichten auftragen.

Ein Warnhinweis darf an dieser Stelle jedoch nicht fehlen. Wie alle Mittel auf Ölbasis erwärmt sich auch Danish Oil beim Trocknen. Deshalb sollte man die Tücher, die man zum Auftragen verwendet hat, keinesfalls zusammenknüllen und in den Müll werfen, was zu einem Feuer führen könnte. Breiten Sie die Tücher stattdessen im Freien auf dem Boden aus, und lassen Sie sie dort vollkommen trocknen. Danach können sie gefahrlos entsorgt werden.

Oberflächenmittel für den Sprühauftrag

Das Sprühen ist die schnellste Methode der Oberflächenbehandlung bei einem Werkstück aus Holz. Bei kleineren Stücken kaufe ich gerne Schellack, Klarlack oder farbigen Lack auf unterschiedlicher Grundlage (Polyurethan, Acryl oder ähnliches) in Sprühdosen **(Abb. C)**. Auch hier sollte man den Hinweisen des Herstellers folgen, aber eigentlich geht es nur darum, einige dünne Schichten aufzutragen (zwischen denen die Oberfläche jeweils trocknen sollte), um den gewünschten Erfolg zu erzielen.

Ich habe in eine Sprühpistole investiert, die ich verwende, um größere Stücke mit einem Lack auf Wasserbasis zu behandeln. Falls Sie über einen geeigneten und hinreichend großen Raum verfügen, geht die Oberflächenbehandlung mit der Sprühpistole schnell von der Hand. Sehen Sie sich nach einem HVLP-System um (High Volume Low Pressure), die als Sets zu Preisen ab etwa 300 Euro im Handel sind. Am aufwendigsten ist die Vorbereitung des Spritzraums und die Reinigung der Spritzpistole nach ihrer Verwendung. In der wärmeren Jahreszeit spritze ich im Freien. Achten Sie darauf, so weit von Gebäuden und Fahrzeugen entfernt zu arbeiten, dass diese nicht mitlackiert werden. Wenn es dafür zu kalt ist, richte ich in einer Ecke der Werkstatt eine kleine Spritzkabine ein, in der ein Fensterventilator Unterdruck erzeugt, und bearbeite meine Werkstücke dort.

B Oberflächenmittel wie Danish Oil sind leicht aufzutragen. Man kann sich mit ihnen bei jedem Werkstück an für einen guten Schutz notwendige Menge herantasten.

C Oberflächenmittel aus der Sprühdose sind gut geeignet, um schnell kleinere Werkstücke zu behandeln. Für größere Vorhaben sollte man jedoch ein Druckluftsystem in Betracht ziehen, falls man über hinreichend Platz und finanzielle Mittel verfügt.

Projekte

LIVE FULLY
CREATE HAPPINESS
SPEAK KINDLY
HUG DAILY
SMILE OFTEN
HOPE MORE
LAUGH FREELY
SEEK TRUTH
INSPIRE CHANGE
LOVE DEEPLY

Aufschnittplatten mit Epoxidakzenten

Falls Sie noch kleinere Bohlen-Reststücke mit Holzkante herumliegen haben – vielleicht solche, die Sie selbst zugerichtet haben – könnte eine Aufschnittplatte die ideale Verwendung sein. Alternativ können Sie auch wie in unserem Beispiel eine größere Bohle zu mehreren Platten verarbeiten. Bei diesem Werkstück wird nicht nur die Bearbeitung einer Bohle mit Holzkante gezeigt, sondern auch, wie man Handgriffe in das Holz schneidet und es mit Akzenten aus Epoxidharz versieht.

Werkzeug

» Kurvenlineal
» Bandsäge oder elektrische Stichsäge
» Ständerbohrmaschine
» Forstnerbohrer
» Elektrische Stichsäge
» Spindelschleifmaschine
» Handoberfräse
» 6-mm-Abrundfräser
» Heißluftpistole

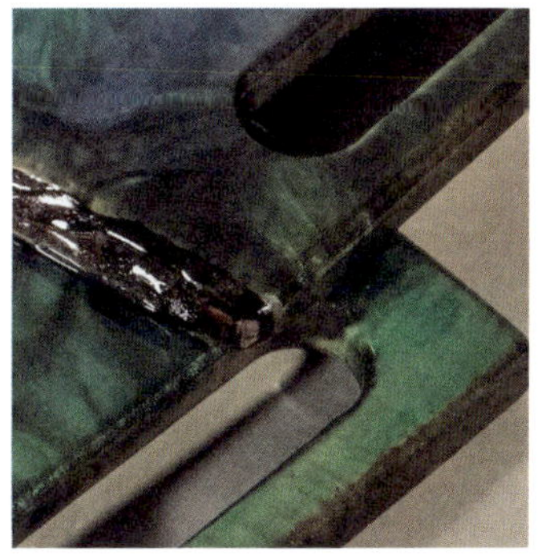

Grundlegendes	
Abmessungen	700 x 250 x 20 mm
Material	Geriegelter Rotahorn und Epoxidharz
Oberflächenbehandlung	Lebensmittelechtes Öl

Materialauswahl

Eine Aufschnittplatte ist im Grunde nicht mehr als ein aufwendiger gestaltetes Schneidbrett, auf dem man allerdings meist nicht schneidet. Eine Aufschnittplatte muss nicht größer sein als etwa 230 x 330 mm, aber nach oben sind Ihnen kaum Grenzen gesetzt. Die Endgröße wird einerseits durch Ihre Gestaltungsideen und andererseits durch die gewählte Bohle bestimmt. Da auf der Platte Aufschnitt vorgelegt und nicht geschnitten werden soll, spielt die Härte des Holzes keine Rolle: Aufschnittplatten lassen sich aus jeder Holzart anfertigen. Bedenken Sie bei der Festlegung der Maße, dass viele Epoxidharze nicht lebensmitteltauglich sind. Deshalb sollten auf den Flächen der Platte, die mit Epoxid bedeckt werden, keine Lebensmittel gelegt werden. Falls Sie vorhaben, einen großen Teil der Platte mit Epoxidharz zu bedecken, machen Sie die Platte dementsprechend größer, damit Sie noch genug Platz für die Leckereien darauf haben.

Aus einer großen Bohle lassen sich mehrere Aufschnittplatten herstellen **(Abb. 1)**. Je nach Stärke der Bohle benötigen Sie eine elektrische Stichsäge oder eine Bandsäge, um sie aufzuteilen. Wenn man die Bohle der Länge nach aufteilt, hat jede der Aufschnittplatten nur eine Baumkante.

1 Aus einer großen Bohle wie diese Stück Rotahorn lassen sich mehrere Aufschnittplatten herstellen. Zeichnen Sie mit Kreide grob an, wie die Plattenrohlinge aus der Bohle geschnitten werden sollen.

2 Die Kurve, die hier geschnitten wird, nimmt die natürliche Krümmung der Baumkanten an der Bohle wieder auf. Die Bohle ist zu diesem Zeitpunkt noch nicht abgerichtet, das ist sehr viel einfacher an den kleineren Stücken zu erledigen.

3 Wenn man eine dicke Bohle zu dünneren Brettern auftrennt, anstatt sie auf Stärke zu hobeln, erhält man aus dem gleichen Material zwei Werkstücke.

Herstellung der Platten

Eine große Bohle teilt man für mehrere Platten zuerst in kleinere Teile auf **(Abb. 2)**. Stärkere Bohlen lassen sich danach an der Bandsäge in dünnere Plattenrohlinge auftrennen **(Abb. 3)**. Nach dem Auftrennen (oder falls Sie von vorneherein mit dünnerem Material arbeiten) werden die Rohlinge auf Endstärke ausgehobelt **(Abb. 4)**, dann schleift man die Sägespuren an den Schnittkanten ab **(Abb. 5)**.

4 Hobeln Sie die Rohlinge im Dickenhobel aus.

5 Schleifen Sie gegebenenfalls die Kanten, um Sägespuren zu entfernen.

Handgriffe und Kanten

Wenn man die Platte mit Handgriffen versieht, lässt sie sich leichter hochheben und tragen. Außerdem lässt sie sich an den Griffen auch an die Wand hängen und zur Schau stellen. 30 x 110 mm sind gute Maße für ein bequemes Griffloch, 20 mm sind ein geeigneter

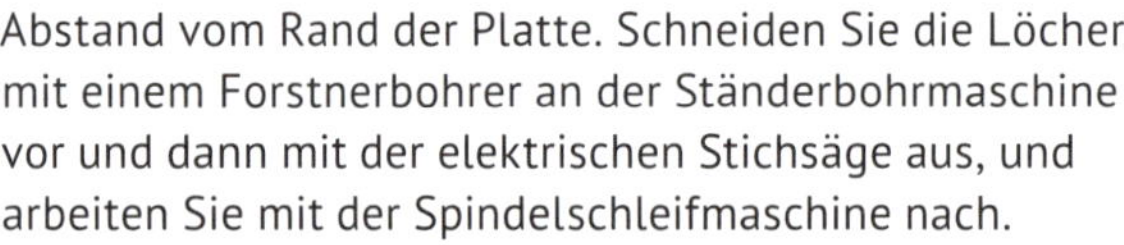

Abstand vom Rand der Platte. Schneiden Sie die Löcher mit einem Forstnerbohrer an der Ständerbohrmaschine vor und dann mit der elektrischen Stichsäge aus, und arbeiten Sie mit der Spindelschleifmaschine nach.

Reißen Sie zuerst die Mittellinie des Grifflochs an der Schmalkante der Bohle an **(Abb. 6)**. Halbieren Sie dann die Breite der Bohle, und markieren Sie diese auf

6 Markieren Sie die Mitte des Ovals in 35 mm Entfernung vom Ende der Bohle an.

7 Die Mittelpunkte der Bohrungen mit dem Forstnerbohrer in 35 mm Entfernung von der Mittellinie angerissen und mit der Ahle eingestochen.

8 Stellen Sie den Anschlag der Ständerbohrmaschine auf 35 mm Entfernung von der Spitze des Bohrers ein, und bohren Sie beide Löcher.

9 Ziehen Sie Verbindungslinien zwischen den äußersten Punkten der beiden Bohrlöcher.

10 Verwenden Sie eine elektrische Stichsäge mit einem feinen Blatt, und schneiden Sie auf der Innenseite der angerissenen Linien, also im Verschnitt.

11 Mit einer Spindelschleifmaschine kann man die Sägespuren schnell beseitigen und die endgültige Form der Handgriffe herausarbeiten.

12 Wenn man die Kanten der Platte abrundet, ist sie sehr viel angenehmer anzufassen. Die Abrundung ist auch beim Auftragen des Epoxidharzes wichtig. Das Harz fließ gut über eine abgerundete Kante.

der Mittellinie. Gehen Sie von dieser Markierung aus, um die Mittelpunkte der beiden Bohrungen mit dem Forstnerbohrer anzureißen **(Abb. 7)**.

Am besten bohrt man diese Löcher an einer Ständerbohrmaschine mit Anschlag **(Abb. 8)**, der sicherstellt, dass die Löcher den gleichen Abstand vom Rand haben. Reißen Sie nach dem Bohren Verbindungslinien mit einem Lineal von Loch zu Loch an **(Abb. 9)**, und sägen Sie mit der Stichsäge die Grifflöcher aus **(Abb. 10)**. Schleifen Sie die Sägespuren glatt **(Abb. 11)**. Runden Sie alle Kanten einschließlich der Innenkanten des Grifflochs mit einem 6-mm-Abrundfräser ab **(Abb. 12)**. Nur die Baumkante an der einen Längsseite wird nicht abgerundet! Wenden Sie die Platte, und runden Sie auch die Kanten auf der Unterseite ab.

Dekorative Akzente mit Epoxid

Eine Aufschnittplatte mit Baumkante sieht so schon recht gut aus. Aber ein dekorativer Akzent mit Epoxidharz gibt ihr noch das gewisse Etwas – und Ihnen die Gelegenheit, Ihrer Kreativität freien Lauf zu lassen. Berechnen Sie, wie viel Epoxid Sie benötigen, und wählen Sie das passende Harz (sieh den Abschnitt „Epoxidharz und Bohlen", (S. 32). Es ist besser, etwas zu viel Epoxid bereitzustellen als zu wenig, kalkulieren

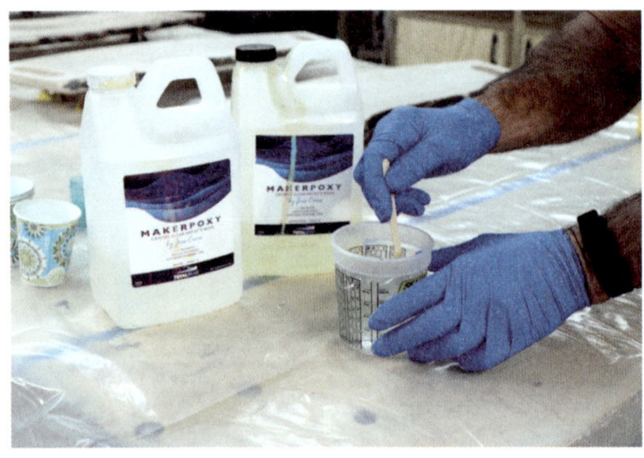

13 Mischen Sie das Zweikomponentenharz nach Anweisung des Herstellers an.

14 Färben Sie das Harz mit Pigmenten und/oder Mica-Pulver ein. Pigmente ergeben meist eine undurchsichtige Färbung. Mica-Pulver sorgt für einen glitzernden Perlmutteffekt.

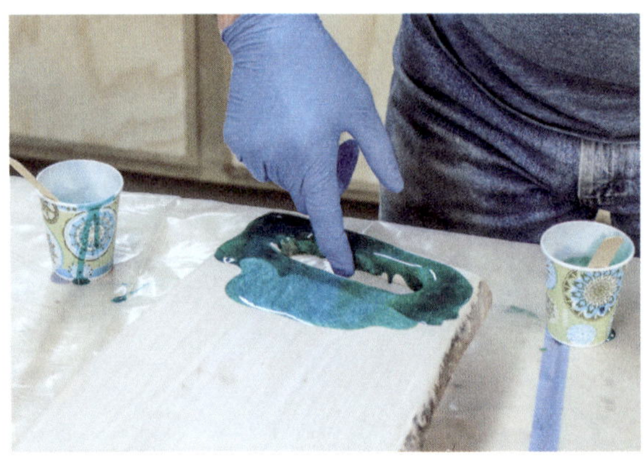

15 Epoxidharz fließt nicht von selbst über die Kanten, Sie müssen also etwas nachhelfen. Schieben Sie eine dünne Schicht Harz über die Abrundung und an den Kanten hinab.

16 Bewegen Sie Ihren Finger durch die einzelnen Farben, um sie zu mischen und Muster zu erzeugen. Viel Spaß!

Sie also mit einer Zugabe von 20% und mischen Sie die erforderliche Menge an **(Abb. 13)**.

Gießen Sie das Harz in kleine Gefäße (kleine Pappbecher sind hervorragend geeignet), und geben Sie Farbe hinzu **(Abb. 14)**. Gießen Sie etwas vom eingefärbten Epoxidharz auf das Holz, und bewegen Sie das Harz mit dem behandschuhten Finger bis über die Kanten **(Abb. 15)**. Sie können die Farben auch mit dem Finger wie mit einem Pinsel vermischen **(Abb. 16)**. Erwärmen Sie das Harz mit der Heißluftpistole, um Blasen zu entfernen und das Harz zu verteilen und über die Kanten zu treiben, sodass Sie einen Wasserfalleffekt erhalten **(Abb. 17)**.

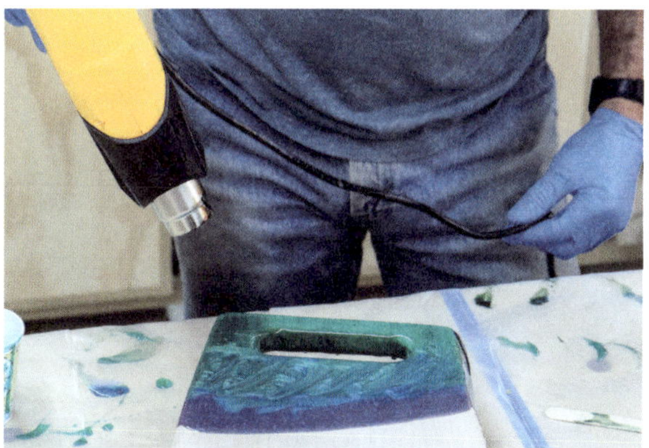

17 Mit einer Heißluftpistole können Sie das Epoxidharz über die Kanten bewegen, Blasen entfernen und die Oberfläche einebnen und glätten.

Oberflächenbehandlung

Behandeln Sie die Oberflächen der Aufschnittplatte mit einem lebensmitteltauglichen Öl **(Abb. 18)**. Erzeugnisse wie Paraffinöl oder Nussöl sind gut für solche Platten geeignet, weil sie sowohl lebensmitteltauglich als auch leicht aufzufrischen sind, wenn die Platte austrocknen sollte. Speiseöl ist nicht geeignet: Es ist zwar lebensmitteltauglich, kann aber ranzig werden, wenn es der Luft ausgesetzt ist.

18 Geben Sie ein Oberflächenmittel auf das Holz der Platte, um es zu versiegeln. Das Epoxidharz muss nicht behandelt werden.

Magnetischer Messerhalter

Für dieses Werkstück kann man kleinere Bohlenabschnitte mit Baumkante verwenden. Das fertige Stück macht sich in jeder Küche gut: Ihre feinen Küchenmesser kommen gut zur Geltung, und die Betrachter werden rätseln, wie die Messer am Brett gehalten werden. Man kann den Messerhalter als Standversion für den Küchentresen herstellen oder in einer Version, die an der Wand aufgehängt wird. Beide Versionen werden erläutert.

Werkzeug

- Raspel
- Tischkreissäge
- Kapp- und Gehrungssäge
- Handoberfräse
- 15-mm-Kopierhülse
- 10-mm-Nutfräser
- Lamellofräse (für die Standversion)
- Schlüssellochfräser (für die Hängeversion)

Grundlegendes	
Abmessungen	400 x 300 x 25 mm
Material	Kirsche, versporter Ahorn
Oberflächenbehandlung	PU-Lack (Polyurethanlack)

Materialauswahl

Legen Sie die Bohle zurecht, die Sie verwenden möchten, und schaffen Sie Ihre Küchenmesser herbei. Kontrollieren Sie, ob die Bohle für das Werkstück geeignet ist, indem Sie die Messer so darauflegen, dass zwischen den Messergriffen jeweils ein hinreichender Abstand (50 mm bis 75 mm) verbleibt **(Abb. 1)**. Die Bohle sollte in der Breite mindestens 15 mm mehr messen als die Länge Ihres größten Messers.

Berücksichtigen Sie bei der Breitenfestlegung der Bohle den normalen Abstand zwischen einem Küchentresen und den Hängeschränken darüber (450 mm). Die Endhöhe des Werkstücks ergibt sich aus der Breite der Bohle zuzüglich der Länge der Messergriffe. Kontrollieren Sie, ob an der vorgesehenen Stelle genügend Raum ist, um den Messerhalter anzubringen.

Die Magnete

Ein besonderer Reiz des Messerhalters besteht darin, dass man nicht erkennen kann, wie die Messer gehalten werden. Das Geheimnis beruht auf der Verwendung von Seltene-Erden-Magneten. Typische Beispiele sind Neodym-Magnete. Sie übertreffen an Haltekraft alle anderen Permanentmagnete. Es gibt Neodym-Magnete in vielen verschiedenen Formen und Größen **(Abb. 2)**. Für den Messerhalter sind am besten Streifen in den Maßen 5 mm x 10 mm x 60 mm geeignet. Sie werden Ende an Ende **(Abb. 3)** und in doppelter Lage in eine Nut in der Bohle eingelegt. Prüfen Sie, ob Ihre Küchenmesser von den Magneten gehalten werden, bevor Sie mit der Arbeit beginnen.

1 Prüfen Sie, ob der Rohling für ihr Werkstück geeignet ist, indem Sie Ihre Messer darauf legen und kontrollieren, ob die Höhe und Breite ausreichen.

Vorbereitung der Bohle

Bei der Bohle für dieses Stück können Sie zwischen vielen verschiedenen Möglichkeiten wählen. In unserem Beispiel ist das Material 25 mm dick, aber Sie können für einen Messerhalter bis zu einer Stärke von 12 mm hinunter gehen. Sie können die Baumkante auf beiden Längsseiten der Bohle belassen, falls die Breite zur Länge Ihrer Küchenmesser passt. Falls der Messerhalter an der Wand aufgehängt werden soll, können die Baumkanten vollkommen unregelmäßig sein. Bei einem Halter, der auf der Arbeitsplatte stehen soll, ist es allerdings besser, wenn die untere Kante relativ gerade ist. Falls Sie nur eine breite Bohle zur Hand haben, können Sie diese auf geringere Breite schneiden, sodass nur an der oberen Seite die Baumkante stehen bleibt.

In diesem Fall können Sie auch eine Baumkante nachahmen, indem Sie den Schnitt mit der Bandsäge oder Stichsäge ausführen. Geben Sie sich dabei nicht übermäßig viel Mühe, einen geraden Schnitt zu erzielen. Es sieht sogar natürlicher aus, wenn der Schnitt etwas unregelmäßig verläuft. Lassen Sie die Spuren der Säge an der Schnittkante. Bearbeiten Sie die obere Kante des Sägeschnitts mit einer Raspel **(Abb. 4)**. Experimentieren Sie mit dieser Technik an Restholz, bis Sie das Aussehen erzielen, das Ihnen vorschwebt.

2 Seltene-Erden-Magnete haben eine sehr hohe magnetische Kraft. Man bekommt sie in vielen unterschiedliche Größen und Formen.

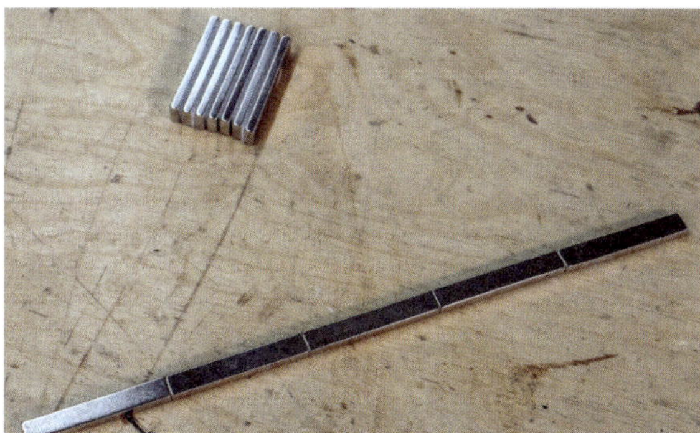

3 Die Magneten für den Messerhalter werden zu einem Streifen aneinander gelegt, der dann noch zu doppelter Höhe aufeinandergelegt wird.

4 Ahmen Sie eine Baumkante nach, indem Sie die Platte mit der elektrischen Stichsäge auf Breite sägen und dann die Kanten mit einer Raspel etwas aufrauen.

5 Die Vorrichtung, mit der Sie die Nut schneiden, wird mit einer Handoberfräse, einer 15-mm-Kopierhülse und einem 10-mm-Nutfräser verwendet.

6 Stecken Sie die Teile der Vorrichtung trocken zusammen, und stellen Sie sicher, dass die Kopierhülse in den Schlitz passt.

Die Schablone zum Nutfräsen

Die Nut für die Magnete wird mit einer selbst gebauten Schablone gefräst, in der ein 10-mm-Fräser in einer Kopierhülse geführt wird **(Abb. 5)**. Die Schablone und die Kopierhülse stellen eine sehr präzise Fräsung sicher. Wenn die Kopierhülse in der Schablone geführt wird, kann der Fräser nicht mehr vom Kurs abweichen, sodass es fast unmöglich ist, falsch zu fräsen. Man könnte auch Restholz als Anlage verwenden, um die Nut für die Magneten zu fräsen. Da man aber in mehreren Durchgängen bis auf Endtiefe fräsen muss, empfiehlt sich die Verwendung der Schablone.

Kopierhülsen sind sehr nützliche Zubehörteile für die Handoberfräse. Sie werden häufig mit Vorrichtungen zum Fräsen von Schwalbenschwanzzinkungen eingesetzt, eignen sich aber immer gut, wenn man mit einer Schablone oder Führung fräsen möchte. Es gibt sie in unterschiedlichen Durchmessern, sodass man die Größe der Kopierhülse auf die anstehende Arbeit abstimmen kann. Meist ist die Kopierhülse 5 mm größer als der Fräser, den man mit ihr verwendet.

7 Leimen Sie die Teile der Vorrichtung zusammen. Achten Sie darauf, dass die Abstandshalter bündig mit den benachbarten Flächen abschließen.

8 Reißen Sie die obere Kante der Nut in 25 mm Entfernung von der Oberkante des Rohlings an.

Stellen Sie die Schablone aus 12 mm starkem Material her. MDF ist gut geeignet. Schneiden Sie zwei Seitenstreifen auf 125 mm Breite. Die Länge sollte 125 mm mehr betragen als die Ihres Rohlings. Schneiden Sie zwei Abstandshalter mit 75 x 15 mm. So erhalten Sie eine Nut, die 50 mm kürzer ist als die Bohle. Legen Sie Bauteile der Schablone trocken zusammen, und vergewissern Sie sich, dass die Kopierhülse genau in den Schlitz zwischen den Seitenstreifen passt **(Abb. 6)**. Schneiden Sie die Abstandshalter nötigenfalls nach, um eine gute Passung zu erzielen. Leimen Sie die Schablone zusammen, wenn die Passung stimmt **(Abb. 7)**. Nehmen Sie überschüssigen Leim ab.

Die Nut fräsen

Reißen Sie auf der Rückseite der Bohle in 25 mm Entfernung von der oberen Kante die Oberkante der Nut an **(Abb. 8)**. Messen Sie 25 mm von den Enden der Bohle und markieren Sie dort die beiden Enden der Nut **(Abb. 9)**. Schneiden Sie eine Zulage mit 2 mm Stärke,

9 Markieren Sie die Endpunkte der Nut.

und legen Sie diese vor das Ende der Bohle. Legen Sie dann die Schablone auf die Bohle und stellen Sie die Schnitttiefe ein, indem Sie den Fräser bis auf die Zulage absenken **(Abb. 10)**.

10 Legen Sie die Vorrichtung auf den Rohling, und nehmen Sie eine Zulage mit 2,5 mm Stärke als Schnitttiefenlehre zur Hand.

11 Stellen Sie die Schnitttiefe ein, indem Sie den Fräser auf die Zulage absenken und den Tiefeneinsteller der Handoberfräse arretieren.

Arretieren Sie dann den Tiefeneinsteller der Handoberfräse in dieser Stellung **(Abb. 11)**. Es ist wichtig, die Nut bis auf 2 mm Abstand von der Vorderseite der Bohle zu fräsen, damit die Magnete dicht genug an der Vorderseite sind, um die Messer sicher zu halten.

Legen Sie die Schablone auf die Bohle, und visieren Sie durch den Schlitz, bis dessen Kante mit dem Riss übereinstimmt **(Abb. 12)**, den Sie als Markierung der Nutoberkante in 25 mm Abstand vom Rand der Bohle angebracht haben. Spannen Sie die Schablone an der Bohle fest. Fräsen Sie in mehreren Durchgängen **(Abb. 13)** die Nut für die Magnete **(Abb. 14)**.

12 Richten Sie die Vorrichtung auf dem Rohling aus, indem Sie durch den Schlitz sehen. Spannen Sie die Vorrichtung fest.

13 Fräsen Sie die Nut in mehreren Durchgängen von jeweils 3 mm bis 6 mm bis auf Endtiefe.

14 Die gefräste Nut, in der die Magneten eingelegt werden können.

15 Seltene-Erden-Magneten sind sehr spröde und können leicht gebrochen werden. Spannen Sie einen Magneten im Schraubstock ein, und brechen Sie passende Stücke ab, um die Nut in der Bohle vollständig zu füllen.

Die Magnete einkleben

Der Messerhalter hält Ihre Küchenmesser am sichersten, wenn Sie die Nut von einem Ende bis zum anderen vollständig mit Magneten füllen. Nötigenfalls können Sie kürzere Füllstücke herstellen, indem Sie einen Magnetstreifen in einem Schraubstock einspannen und abbrechen **(Abb. 15)**. Neodym-Magnete sind spröde und lassen sich leicht brechen.

Das Einkleben der Magneten geschieht am besten auf einer Metallfläche, also zum Beispiel auf dem Arbeitstisch der Tischkreissäge. Legen Sie ein Stück

16 Mischen Sie einen Zweikomponenten-Epoxidklebstoff an, verteilen Sie ihn in der Nut, und betten Sie die Magnete im Klebstoff ein. Beachten Sie, dass die Magnete in zwei Schichten angeordnet sind.

17 Legen Sie den Messerhalter direkt auf eine Fläche aus Gusseisen. Dadurch werden die Magneten in der Nut nach unten gezogen.

Restholz auf den Arbeitstisch, um ihn vor Klebstoff zu schützen. Kleben Sie die Magneten mit einem Zweikomponentenklebstoff auf Epoxidbasis in die Nut **(Abb. 16)**. Entfernen Sie dann das Restholzstück, und legen Sie die Bohle direkt auf den Arbeitstisch aus Metall **(Abb. 17)**. Lassen Sie den Epoxidklebstoff aushärten.

Herstellung der Stützen

Die Stützen für die Standversion (250 x 100 x 20 mm) sind kaum zu sehen, sie können also aus fast jedem Material hergestellt werden. Falls Sie jedoch noch einen Rest vom Material des Messerhalters übrig haben, verwenden Sie diesen. Und beziehen Sie auch möglichst eine Baumkante mit ein, so wie es hier gezeigt wird.

Legen Sie die Stützen übereinander und schneiden Sie sie gleichzeitig zu. Schneiden Sie am Ende der Stützen einen Winkel von 10° an **(Abb. 18)**. Runden Sie die obere Ecke der Stütze ab **(Abb. 19)**. Unterlegscheiben in unterschiedlichen Größen eignen sich gut, um Abrundungen anzureißen.

Bringen Sie die Stützen 50 mm von den Enden der Bohle an. Befestigen Sie die Stützen mit vier Lamellodübeln Gr. 20 an der Rückseite der Bohle an **(Abb. 20)**. Geben Sie Leim an die Stützen und die Lamellodübel **(Abb. 21)**, und leimen Sie die Stützen an. Unregelmäßige Bauteile wie diese lassen sich während des Abbindezeit des Leims gut mit Klebeband sichern.

18 Schneiden Sie die unteren Enden der Stützen im Winkel von 10° an.

19 Reißen Sie eine Abrundung an den oberen Ecken der Stützen an, sägen Sie sie aus und schleifen Sie sie. Ich verwende hier eine Unterlegscheibe, um genau den richtigen Radius anzuzeichnen.

20 Bringen Sie die Stützen mit Lamello-Formfedern an der Rückseite des Messerhalters an.

21 Geben Sie Leim an die Verbindungen der Stützen mit dem Messerhalter, und verwenden Sie Klebeband, um die Stützen anzudrücken.

Schlüssellochaufhängungen

Den Messerhalter für die Wand kann man mit Schlüssellochaufhängungen anbringen. Die Aufhängungen werden mit einem T-Nutfräser **(Abb. 22)** und der Handoberfräse an einem Anschlag geschnitten. Mit zwei Schlüssellochaufhängungen an der Rückseite des Messerhalters können Sie diesen über die Köpfe der Befestigungsschrauben stecken und dann seitlich verschieben, um die Schraubenköpfe in den Aufhängungen anzuziehen. Üben Sie das Fräsen der Schlüssellochaufhängungen an Restholzstücken, bevor Sie es am Werkstück selbst ausführen.

Reißen Sie in 60 mm Entfernung von der Oberkante eine Linie an, und markieren Sie auf ihr 25 mm und 75 mm Abstände von den jeweiligen Enden **(Abb. 23)**. Setzen Sie den T-Nutfräser in Ihre Handoberfräse ein, und messen Sie den Abstand von der Mitte des Fräsers bis zur Kante der Grundplatte der Fräse **(Abb. 24)**. Dies ist der Abstand vom Riss, in dem Sie den Führungsanschlag für die Fräsungen anbringen müssen. Verwenden Sie ein Stück Restholz als Anschlag, dass Sie in dieser Entfernung an der Bohle festspannen (die

22 Die Aufhängungen für die Wandmontage des Messerhalters werden mit einem Schlüssellochfräser geschnitten.

23 Reißen Sie die Position der Aufhängungen an.

24 Messen Sie die Entfernung von der Mitte des Fräsers bis zur Kante der Grundplatte Ihrer Handoberfräse.

Nutfrässchablone ist auch gut als Anschlag geeignet). Stellen Sie die Frästiefe auf 10 mm ein. Vergewissern Sie sich, dass dies die richtige Frästiefe für den verwendeten T-Nutfräser ist. Oberhalb des waagerechten Teils der Nut müssen mindestens 3 mm Material stehen bleiben, um den Schraubenkopf zu halten. Legen Sie die Grundplatte der Oberfräse so am Anschlag an, dass der T-Nutfräser sich über der Anfangsposition der Fräsung befindet **(Abb. 25)**. Tauchen Sie den Fräser ein, führen Sie ihn bis zur Endposition, und lassen Sie ihn dort wieder aus dem Holz hochkommen.

Legen Sie anhand der Schlüssellochfräsungen **(Abb. 26)** die Lage der Schrauben an der Wand fest, an denen der Messerhalter aufgehängt werden soll. Verwenden Sie geeignete Dübel, um die Schrauben in der Wand anzubringen, und hängen Sie den Messerhalter an den Schrauben auf.

25 Legen Sie die Grundplatte der Oberfräse am Anschlag an, und tauchen Sie am Anfangspunkt der Aufhängung ein. Fräsen Sie bis zum Ausgangspunkt, und lassen Sie den Fräser wieder aus dem Holz kommen.

26 Messen Sie den Abstand vom rechten Loch der einen Aufhängung zum rechten Loch der anderen Aufhängung, um zu ermitteln, wie weit voneinander die Schrauben in der Wand entfernt sein müssen.

Bank mit Rotwildspuren

Freunde von mir haben sich vor kurzem ein Sommerhäuschen gekauft, und ich wollte ihnen zum Einzug etwas schenken. Ich wusste, dass sie eine Bank für den Vorraum mit den Gummistiefeln und der Regenkleidung brauchten, und so entstand die Idee für dieses Stück. Die Wasserfalleffekte an den Enden und die Einlagen in Form von Rotwildspuren machen es wirklich einzigartig.

Werkzeug

- Dickenhobelmaschine
- Zimmermannswinkel
- Handkreissäge mit Führungsschiene
- Lamellofräse
- Stangenzirkel
- Bandsäge oder elektrische Stichsäge
- Spindelschleifmaschine
- Einlageschablonen der Firma Slabstitcher
- Handoberfräse

Grundlegendes	
Höhe	450 mm
Länge	1220 mm
Breite	280 mm
Material	Rüster (Ulmenholz), 40 mm stark, mit Nussbaumholzeinlagen
Oberflächenbehandlung	Grundierung mit Schellack, Endbehandlung mit Lack auf Wasserbasis

1 Diese Ulmenbohle ist hervorragend für das geplante Werkstück geeignet. Die gekrümmte Kante ist perfekt für die Sitzfläche einer Bank, und aus den breiten Enden kann man sehr gut die Beine der Bank anfertigen.

Auswahl und Vorbereitung der Bohle

Suchen Sie sich eine Bohle aus, deren Merkmale zu dem geplanten Werkstück passen. Die Bohle aus Ulmenholz **(Abb. 1)** stammt zwar nicht vom Grundstück meiner Freunde, aber es wachsen dort Ulmen. Ich bin von dem Zusammenhang recht angetan. Die Bohle ist lang genug, um an beiden Enden einen Wasserfall anzubringen, und die geschwungene Vorderkante sieht schon von sich aus aus wie bei einer Sitzbank. Rüster (Ulme) ist eine Holzart, die viel zu selten verwendet wird. Die Maserung ist sehr schön, und das Holz ist relativ leicht zu bearbeiten. Andererseits ist es hart genug, dass man es auch als Bank oder Tisch verwenden kann.

Richten Sie die Bohle mit der Planfräsvorrichtung ab, oder schicken Sie sie durch den Dickenhobel **(Abb. 2)**. Falls die Bohle stark verzogen ist, sollte man sie auf jeden Fall plan fräsen, um die höheren Stellen abzunehmen, bevor man mit dem Dickenhobel weiterarbeitet. Falls die Bohle zu breit ist, um durch den Dickenhobel zu passen, kann man die gesamte Arbeit auch mit der Planfräsvorrichtung ausführen. Nehmen Sie bei den letzten Durchgängen, wenn Sie sich der Endstärke nähern, jeweils nur noch wenig Material ab. Sie erhalten so eine höhere Oberflächengüte und sparen Zeit beim Schleifen.

Die Wasserfallkante anreißen und schneiden

Markieren Sie die Aufteilung der Bohle in Sitzfläche und Beine **(Abb. 3)**. Reißen Sie die Länge der Sitzfläche genau an, aber geben Sie bei der Länge der Beine jeweils 25 mm zu, um später auf Endlänge schneiden zu können. In diesem Stadium sind die Maße des Werkstücks noch veränderbar. Die Endlänge der Beine sollte möglichst um 450 mm liegen, um eine bequeme Sitzhöhe zu erhalten, aber die Länge der Sitzfläche kann sich durchaus noch ändern. Falls bei der Aufteilung der

2 Falls die Bohle wie diese relativ eben ist, können Sie sie im Dickenhobel vorbereiten. Verwenden Sie bei längeren Bohlen einen Stützbock.

Bohle eine der Gehrungen für die Wasserfallkanten direkt auf eine Aststelle oder einen anderen Holzfehler fallen sollte, wodurch die Belastbarkeit der Verbindung beeinträchtigt würde, sollten Sie die Länge der Sitzfläche ändern, um dies zu vermeiden.

Reißen Sie die endgültige Lage der Wasserfallkanten an **(Abb. 4)**. Da Sie von einer Baumkante aus keinen genau rechtwinkligen Riss anzeichnen können, müssen Sie auf die beschriebene Methode mit einer Mittellinie zurückgreifen. Reißen Sie die beiden Enden der Sitzflä-

3 Markieren Sie die Dimensionen der Sitzfläche und der Beine mit Kreide auf der Bohle. Kreide ist gut sichtbar und lässt sich leicht abwischen, falls man Änderungen vornehmen möchte. Verwenden Sie die Kreidemarkierungen, um von der vorläufigen Gestaltung durch Versuch und Irrtum zu den Endmaßen des Werkstücks zu gelangen.

4 Markieren Sie die Platzierung der Schnitte für die Wasserfallkanten jeweils mit einer Linie.

5 Spannen Sie die Bohle an Ihrer Werkbank fest, und stützen Sie das auskragende Ende, während Sie die Gehrung für den Wasserfall-Effekt schneiden. Achten Sie darauf, dass das abgeschnittene Stück – das Bein – nicht herabfällt.

6 Schneiden Sie die Gehrung am Bein an. Spannen Sie die Führungsschiene präzise an der Gehrung an, damit möglichst wenig Holz abgenommen wird. Das ergibt einen besseren Übergang der Maserung.

7 Schneiden Sie die Beine auf Länge. Achten Sie darauf, dass die Beine gleich lang sind.

che an. Durch diese Risse sind auch die jeweiligen Oberkanten der beiden Beine vorgegeben. Reißen Sie die Endlänge der Beine in diesem Stadium noch nicht an. Verwenden Sie zum Anreißen einen spitzen Bleistift, um eine präzise Linie zu erhalten.

Spannen Sie die Bohle an Ihrer Werkbank an, und stützen sie das auskragende Ende ab. Schneiden Sie die Gehrung an **(Abb. 5 und 6)**. Gehen Sie nach der Anleitung im Kapitel zum Wasserfalleffekt vor. Richten Sie dabei die Säge sorgfältig an den Rissen für die Sitzfläche aus. Spannen Sie das Bein an der Werkbank an, und schneiden Sie die zweite Gehrung. Messen Sie die Endlänge der Beine ab und reißen Sie sie an. Stellen Sie die Säge auf einen senkrechten Schnitt ein, und sägen Sie die Beine auf Endlänge **(Abb. 7)**

Verbindungsarbeit und Formgebung der Füße

Verstärken Sie die Gehrungen an den Wasserfallkanten mit Lamello-Formfedern **(Abb. 8)**. Die Schlitze für die Lamellos sollten mittig in der Gehrung gefräst werden. Stellen Sie die Lamellofräse sorgfältig ein, und führen Sie Probefräsungen an Restholzstücken durch. Wenn die Schlitze nicht richtig platziert werden, kann die Fräsung auf der Sichtseite durchstoßen. Das kann einem dann den ganzen Tag verderben.

8 Die Gehrungen für die Wasserfallkanten müssen verstärkt werden. Lamello-Formfedern der Größe 20 sind für dieses Werkstück perfekt geeignet.

9 Reißen Sie am schmaleren der beiden Beine in 25 mm Entfernung vom Hirnholzende den Mittelpunkt des Kreises an.

Bei Möbelstücken sollte man einzelne Füße vorsehen, anstatt sich darauf zu verlassen, dass eine lange, gerade Kante an der Unterseite eben auf dem Fußboden aufliegt. Falls der Fußboden Unregelmäßigkeiten aufweist, führt das unweigerlich dazu, dass solche Möbel wackeln. Um die Bank mit Füßen auszustatten, ermitteln Sie die Mittellinie des Beinstücks. Messen Sie an der Mittellinie 25 mm vom Hirnholz nach innen **(Abb. 9)**, und bringen Sie hier eine Markierung an.

Die Füße der Bank sind 50 mm breit. Stellen Sie den Radius des Stangenzirkels auf die halbe Breite des Beinstücks minus 50 mm ein. Ziehen Sie mit dem Zirkel um die Markierung auf der Mittellinie einem Halbkreis **(Abb. 10)**. Falls die Beinstücke unterschiedliche breit sein sollten, kalkulieren Sie den Radius anhand der Breite des schmaleren Beinstücks. Verwenden Sie denselben Radius an beiden Beinstücken. Die Breite der Füße darf durchaus etwas unterschiedlich ausfallen. Insgesamt sollte die Größe der Füße von der Größe des Werkstücks abhängen. Eine 600 mm breite Bohle für einen Couchtisch sollte 150 mm breite Füße haben. Experimentieren Sie mit unterschiedlich großen Füßen, indem Sie auf Restholz oder Karton in der Größe der Bohle Füße in verschiedenen Größen anzeichnen.

10 Zeichnen Sie einen Kreis auf die Beine, um die Füße anzuschneiden. Beachten Sie, dass die Füße am unteren Ende, wo sie auf dem Boden stehen, etwas nach innen weisen, was ansprechend aussieht.

Schneiden Sie die Halbkreise in den Beinstücken mit der Bandsäge oder Stichsäge aus, und schleifen Sie die Sägespuren glatt **(Abb. 11)**. Sägen Sie auf der Verschnittseite des Risses, und schleifen Sie dann bis zum Riss.

11 Schneiden Sie die Kreise, und schleifen Sie die Sägespuren ab.

12 Falls Sie mehrere Einlagen verwenden, arrangieren Sie diese auf der Bohle.

Spuren legen

Was könnte besser zu einer Bank passen, die in einer Hütte in den Wäldern des Nordens aufgestellt werden soll, als Einlagen in Form von Rotwildspuren? Um die natürlichen Merkmale der Bohle zu nutzen, folgen die Spuren der Kurve der Baumkante. Arrangieren Sie die Einlagen so, dass Ihnen das Aussehen gefällt **(Abb. 12)**, und zeichnen Sie um jede Spur ein Quadrat.

Richten Sie die Schablone an dem angerissenen Quadrat aus, und spannen Sie die Umrandung der Schablone am Werkstück fest **(Abb. 13)**. Fräsen Sie die Aufnahmen aus. Geben Sie eine dünne Schicht Leim in die Aufnahmen **(Abb. 14)**, und klopfen Sie die Einlage-

13 Fräsen Sie die Aussparungen für die Einlagen in die Bohle. Für die Rotwildspuren gibt es zwei Schablonen, eine rechte und eine linke, um eine vollständige Einlage zu erhalten.

14 Geben Sie Leim auf den Grund der Aussparung, und klopfen Sie die Einlage ein. Eine geringe Menge Leim ist vollkommen ausreichend.

stücke in die Aufnahmen ein. Wenn Sie zu viel Leim angeben, müssen Sie auch viel ausgetretenen Leim wieder abputzen. Lassen Sie den Leim trocknen, und schleifen Sie die Einlagen bündig.

Montage, Schleifen, Oberflächen behandeln

Verwenden Sie die dreieckigen Verschnittstücke von den Gehrungsschnitten als Zulagen, um beim Verleimen die Zwingen anzusetzen **(Abb. 15)**. Geben Sie Leim an die Lamellos und die Gehrungen, und setzen Sie die Zwingen an. Lassen Sie den Leim trocknen, und nehmen Sie dann die Zwingen wieder ab.

Schleifen Sie die Bank mit einem Exzenterschleifer, um den Hauptteil der Arbeit zu erledigen. Brechen Sie danach die scharfen Kanten, indem Sie sie mit der Hand schleifen **(Abb. 16)**. Dadurch wird es viel angenehmer, die Bank anzufassen und auf ihr zu sitzen. Entfernen Sie den Schleifstaub, und tragen Sie das Oberflächenmittel Ihrer Wahl auf.

15 Schneiden Sie Zulagen zu, und verleimen Sie dann die Gehrungsverbindungen mit Hilfe der Zulagen. Entfernen Sie die Zulagen durch vorsichtiges Klopfen, wenn der Leim vollkommen trocken ist.

16 Brechen Sie alle scharfen Kanten an der Bank mit 220er Schleifpapier und einem Schleifklotz.

Couchtisch aus einer Baumscheibe

Eine Baumscheibe entsteht durch zwei waagerechte Schnitte durch einen Baumstamm. Baumscheiben unterschiedlicher Durchmesser sind gut als mehr oder weniger große Beistelltische geeignet. Sie sehen wegen der Baumkante nicht nur sehr ansprechend aus, sie können auch anhand der Jahresringe eine Geschichte erzählen.

Werkzeug

» Bandschleifmaschine
» Herstellungssatz für Kupfereinlagen von Slabstitcher
» Handoberfräse
» Drahtbesetzte Rundbürste
» Schleifmopp
» Vergrößerungsglas
» Akkubohrmaschine
» Stangenzirkel

Grundlegendes	
Maße der Baumscheibe	1015 x 660 x 38 mm
Material	Nussbaum
Schwalbe	Kupfer
Höhe der Beine	355 mm
Oberflächenbehandlung	PU-Lack (Polyurethanlack)

1 Baumscheiben reißen beim Trocknen meist ein. Der Riss oder die Risse geben dem Werkstück ein interessantes Aussehen und bieten Gelegenheit, eine Schwalbe oder etwas ähnliches anzubringen.

Die Jahresringe sind ein auffälliges Merkmal bei einer Baumscheibe. Sie erzählen die Geschichte des Baums. Es macht Spaß, die Jahresringe auszuzählen und ihre Chronologie mit Geschichtsdaten oder Ereignissen in der eignen Familie in Beziehung zu setzen. Bei Baumscheiben ist auch das Kernholz und der Splint des Baumes zu erkennen, die bei vielen Holzarten anders gefärbt sind und so für reizvolle Akzente sorgen.

Es ist fast unmöglich, eine Baumscheibe zu trocknen, ohne dass sie reißt **(Abb. 1)**. Das hängt mit den je nach Richtung unterschiedlichen Schwundmaßen des Holzes zusammen. Der Umfang eines Jahresrings liegt in der Tangentialebene des Holzes, der Radius in der Radialebene. Holz schwindet in Tangentialrichtung etwa doppelt so stark wie in Radialrichtung. Das Verhältnis variiert leicht von Holzart zu Holzart. Beim Trocknen schwindet die Baumscheibe im Umfang schneller als im Radius. Das führt zu Spannungen im Holz, die es reißen lassen. Da diese Trocknungsrisse so gut wie nicht zu vermeiden sind, sollte man sie nicht als Fehler betrachten, sondern als interessante Merkmale in das Werkstück aufnehmen. Man kann sie mit Epoxidharz füllen, mit Schwalben überbrücken oder sogar einfach so belassen, falls das Holz nicht mehr arbeitet.

Zurichten der Baumscheibe

Baumscheiben zeigen in der Fläche nicht Längsholz, sondern Hirnholz. Man sollte sie deshalb nicht durch den Dickenhobel schicken, auch wenn sie hindurch passen würden. Das wäre einerseits gefährlich (die Hobelmesser könnten größere Brocken aus dem Holz reißen) und andererseits erhielte man so keine hochwertige Oberfläche, da es zu kleineren Faserausrissen käme. Man kann eine Baumscheibe allerdings mit einer Planfräsvorrichtung oder mit einer Breitbandschleifmaschine abrichten. Wenn man größere Bauteile mit einer Bandschleifmaschine oder einem Exzenterschleifer bearbeitet, kommt es leicht vor, dass man zu lange an einer Stelle bleibt und Dellen in das Holz schleift. Das kann man vermeiden, indem man eine Reihe von dicken Bleistiftstrichen auf die Fläche zeichnet, bevor man mit dem Schleifen beginnt **(Abb. 2)**. Arbeiten Sie sich dann mit der Schleifmaschine in konstanter Geschwindigkeit über die Fläche, und bleiben Sie nur so lange an einer Stelle, bis die Bleistiftmarkierungen

2 Schraffieren Sie die Oberfläche vor dem Schleifen, damit Sie sehen können, wie viel Material Sie abgenommen haben, und die Baumscheibe eben bleibt.

3 Arbeiten Sie sich über die Baumscheibe hin und her, und schleifen Sie dabei die Bleistiftschraffur ab. Schleifen Sie an einer anderen Stelle weiter, wenn der Bleistiftstrich verschwunden ist.

dort verschwunden sind **(Abb. 3)**. Bringen Sie neue Bleistiftstriche an, wenn Sie die alten komplett abgeschliffen haben, und bearbeiten Sie dann die Fläche mit dem nächstfeineren Schleifpapier.

Eine Schwalbe anbringen

Risse in einer Baumscheibe bieten Gelegenheit, Schmuckelemente einzuarbeiten. Schwalben sind eine beliebte Variante. Zeichnen Sie anhand von Schwalbenschablonen[1] an unterschiedlichen Stellen unterschiedlich große Schwalben auf das Holz **(Abb. 4)**. So können Sie am besten das spätere Aussehen beurteilen, bevor Sie zu fräsen beginnen. Schleifen Sie die Schwalbenumrisse ab, die Sie nicht verwenden möchten,

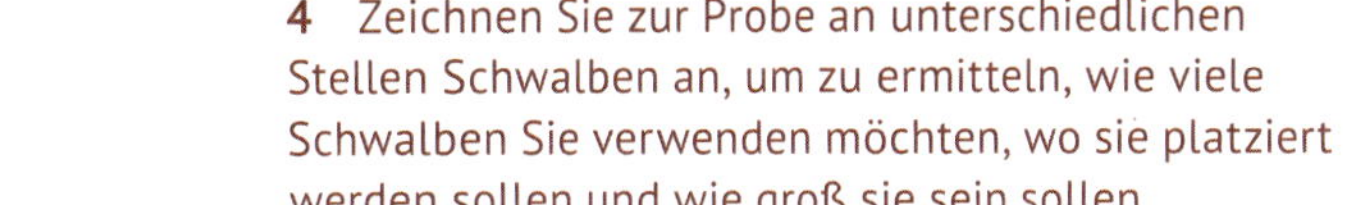

4 Zeichnen Sie zur Probe an unterschiedlichen Stellen Schwalben an, um zu ermitteln, wie viele Schwalben Sie verwenden möchten, wo sie platziert werden sollen und wie groß sie sein sollen.

1 S. Hinweise auf der Ressourcenseite

5 Entfernen Sie die überflüssigen Markierungen wieder, wenn Sie sich für eine Schwalbengröße und -platzierung entschieden haben, die Ihnen gefällt.

6 Befestigen Sie die Schablone an der Baumscheibe, und fräsen Sie die Aussparung für die Schwalbe.

7 Kontrollieren Sie die Passung der Schwalbe. Klopfen Sie sie nicht zu tief ein, weil sie dann nicht mehr herausgenommen werden kann.

8 Rauen Sie die Unterseite von Metalleinlagen an, damit der Klebstoff gut an ihnen haftet.

sodass nur dort einer stehen bleibt, wo wirklich eine Schwalbe eingelegt werden soll **(Abb. 5)**.

Legen Sie dort die Schablone auf, und fräsen Sie die Vertiefung für die Schwalbe **(Abb. 6)**. Stellen Sie die Schnitttiefe des Fräser besonders sorgfältig ein, falls Sie vorgefertigte Schwalben aus Metall einsetzen wollen, damit diese bündig mit der Oberfläche der Baumscheibe abschließen. Man kann Metallschwalben zwar notfalls bündig schleifen, allerdings ist es am besten, wenn man sie nicht zu viel schleifen muss. Stechen Sie die gefräste Vertiefung notfalls mit dem Beitel nach, und kontrollieren Sie die Passung der Schwalbe **(Abb. 7)**. Arbeiten Sie die Vertiefung so lange nach, bis Sie eine gute Passung erreicht haben. Schlei-

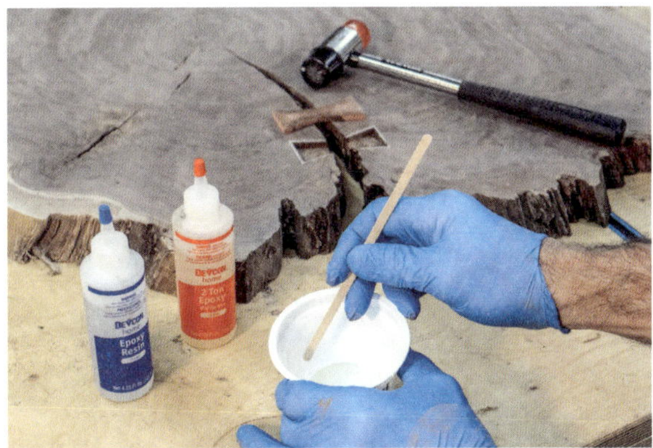

9 Verwenden Sie einen Zweikomponentenklebstoff auf Epoxidbasis, um die Metallschwalben einzukleben. Richten Sie sich beim Anmischen nach den Angaben des Herstellers.

10 Geben Sie Klebstoff in die Aussparung. Er muss nur auf den Grund der Aussparung gegeben werden, nicht an die Seiten.

11 Klopfen Sie die Schwalbe mit einem Schonhammer ein, nicht mit einem normalen Metallhammer.

12 Schleifen Sie die Schwalbe mit der Umgebung bündig. Metallschwalben dürfen dabei nicht überhitzt werden.

fen Sie die Unterseite von Metallschwalben mit 120er Schleifpapier an **(Abb. 8)**. Dadurch wird das Metall etwas angeraut, was die Haftung des Klebstoffs erhöht.

Schwalben oder anderen Einlegearbeiten aus Holz kann man mit normalem Tischlerleim einkleben. Für Metallschwalben sollte man einen Zweikomponentenklebstoff auf Epoxidbasis verwenden **(Abb. 9)**. Dabei ist es sehr wichtig, sich genau an die Hinweise des Herstellers zum Mischungsverhältnis und zur Offenzeit (die Zeit, in der Sie den Klebstoff verarbeiten können) zu halten. Geben Sie etwas Epoxidklebstoff auf den Grund der Vertiefung für die Schwalbe **(Abb. 10)**. Verwenden Sie nicht zu viel Klebstoff. Legen Sie die Schwalbe ein, und klopfen Sie sie sanft in die Vertiefung **(Abb. 11)**. Falls überschüssiger Klebstoff austritt, sollte man ihn mit Brennspiritus entfernen, solange er noch nass ist. Es ist sehr schwierig, Epoxidklebstoff zu entfernen, wenn er ausgehärtet ist. Schleifen Sie nötigenfalls die Schwalbe bündig **(Abb.12)**. Achten Sie darauf, dass sich Metallschwalben beim Schleifen nicht erhitzen. Falls das Metall zu warm wird, kann das die Haftfähigkeit des Epoxids beeinträchtigen.

Behandlung der Baumkante

Die Baumkante an der Scheibe aus Nussbaumholz ist außerordentlich rau und stark strukturiert. Die Struktur lässt sich sehr gut mit einer drahtbesetzten Rundbürste in einem Akkuschrauber säubern **(Abb. 13)**. Eine Drahtbürste arbeitet aggressiver als ein Schleifmopp. Sie verändert also die Form der Baumkante etwas, aber die Kante verliert dabei nicht viel ihrer organischen Anmutung. Außerdem lassen sich mit der Drahtbürste auch gut Verunreinigungen, lose Holzfasern und Rindenstücke von der Baumkante entfernen. Am besten sollte die Drehrichtung der Drahtbürste mit dem Faserverlauf im Holz übereinstimmen (bei einer Baumscheibe also von oben nach unten, bei einer normalen Bohle parallel zur Fläche). Beseitigen Sie eventuell von der Drahtbürste hinterlassene scharfe Stellen nachgehend mit einem 240er Schleifmopp **(Abb. 14)**.

13 Säubern Sie extrem raue Kanten mit einer drahtbestückten Rundbürste.

14 Bearbeiten Sie die Kante mit einem Schleifmopp, um scharfe Stellen zu glätten, die von der Drahtbürste zurückgeblieben sind.

Die Jahresringe zählen

Jahresringe sieht man in jedem Stück Holz. Bei Baumscheiben sind sie jedoch besonders deutlich zu erkennen. Es macht Spaß, die Ringe zu zählen, um zu ermitteln, wie alt der Baum war **(Abb. 15)**. Am leichtesten lassen sie sich zählen, nachdem die Baumscheibe glattgeschliffen worden ist, aber bevor man ein Oberflächenmittel aufträgt. Das Holz zeigt in diesem Zustand besonders starke Kontraste, sodass man die einzelnen Jahresringe leicht auseinanderhalten kann. Die Ringe können sehr dicht beieinander liegen, deshalb kann ein Vergrößerungsglas hilfreich sein.

15 Wenn man die Jahresringe zählt, kann man ermitteln, wie alt der Baum war, und wichtige Geschichtsdaten auf der Baumscheibe eintragen.

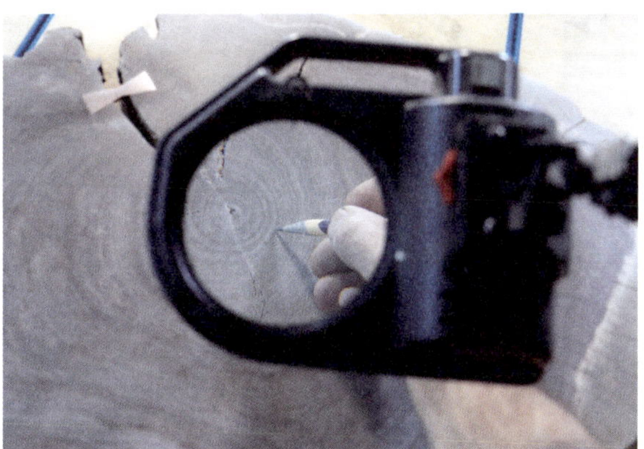

16 Mit einem Vergrößerungsglas sind die Jahresringe leichter zu erkennen, und mit dem Bleistift kann man beim Zählen Markierungen anbringen.

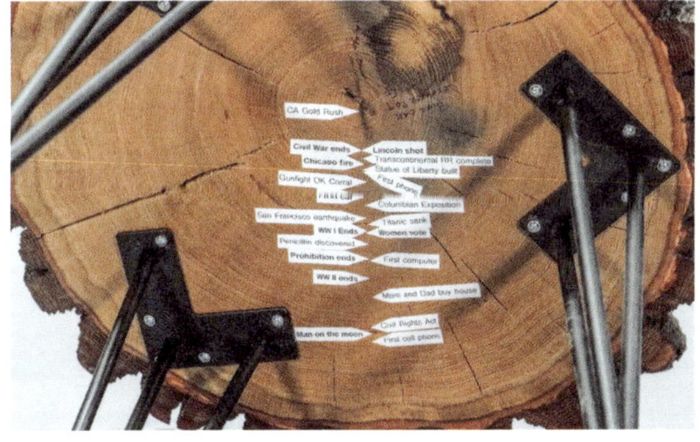

17 Bringen Sie Etiketten an, um wichtige Daten kenntlich zu machen. Die Eiche, von der diese Baumscheibe stammt, war noch ein Schössling, als in Kalifornien der Goldrausch ausbrach.

Wenn Sie das Alter des Baums kennen, können Sie eine Chronologie anlegen, in der wichtige geschichtliche Ereignisse oder Daten aus Ihrer Familie eingetragen werden **(Abb. 17)**. Drucken Sie die Vorkommnisse mit einem Etikettendrucker aus, und bringen Sie die Etiketten an den entsprechenden Stellen der Baumscheibe an.

Haarnadel-Tischbeine anbringen

Behandeln Sie die Baumscheibe mit einem beliebigen Oberflächenmittel, bevor Sie die Beine anbringen. Mit sogenannten Haarnadel-Tischbeinen **(Abb. 18)** kann man im Handumdrehen aus einer Baumscheibe einen

18 Haarnadel-Tischbeine sind eine einfache Möglichkeit, um aus einer Baumscheibe einen Tisch zu machen. Beine mit drei Streben biegen sich nicht so leicht durch wie solche mit zwei Streben. Man sollte sie deshalb für höhere Tische vorziehen.

19 Platzieren Sie die Beine nach Maßgabe des Umrisses, falls die Baumscheibe nicht kreisrund ist. Diese Baumscheibe hat vorstehende Bereich, die sich perfekt für die Anbringung der Beine eignen.

20 Auf einer runden Baumscheibe werden die Beine mit Hilfe eines Stangenzirkels und etwas Geometrie angeordnet. So erhält man gleiche Abstände zwischen den Beinen.

Tisch machen. Es gibt sie in Varianten mit zwei und mit drei Streben. Für niedrigere Möbelstücke wie Beistelltische (mit einer Höhe von etwa 400 mm) reichen Beine mit zwei Streben vollkommen aus. Für höhere Tische sollte man eher zu der Variante mit drei Streben greifen, damit sich die Beine nicht durchbiegen und der Tisch instabil wird. Falls schwarze Beine nicht zu Ihrem Werkstück passen, können Sie die Tischbeine einfach mit einem Sprühlack in einer beliebigen Farbe umlackieren. Achten Sie darauf, dass der Lack auf Metalloberflächen haftet. Schleifen Sie die Tischbeine mit einem 220er Papier an, und wischen Sie Schleifrückstände mit Brennspiritus ab, bevor Sie den Lack auftragen.

Bei Baumscheiben, die rund oder annähernd rund sind, können Sie nach Wahl drei oder vier Beine anbringen. Das ist eine rein ästhetische Entscheidung. Oft sieht so ein Baumscheibentisch weniger überladen aus, wenn er nur drei Beine hat. Zudem können dreibeinige Tische nicht wackeln. Wenn der Tisch nur drei Beine hat, stehen sie immer alle auf dem Boden. Das ist auch hilfreich, falls die Baumscheibe nicht vollkommen eben ist.

21 Verwenden Sie den Kreis und die Kreisbögen, die ihn schneiden, um die Beine zu auszurichten.

Bohren Sie Löcher für die Befestigungsschrauben vor **(Abb. 19)**. Bringen Sie Klebeband als Bohrtiefenmarkierung am Bohrer an, damit Sie nicht versehentlich durch die Baumscheibe hindurchbohren. Falls die Baumscheibe nicht vollkommen rund ist, ist die Platzierung der Beine eine Ermessensfrage. Stellen Sie die Beine probeweise an verschiedenen Stellen auf die Baumscheibe, um zu ermitteln, wo die Wirkung am besten ist. Bei der hier gezeigten Scheibe aus Nussbaumholz

22 Mit dieser Methode bringen Sie drei Beine in gleichmäßigen Abständen an der Baumscheibe an.

bot es sich an, die Beine an den hervorstehenden Ausbuchtungen am Umfang anzubringen. Die Grundplatten der Tischbeine sollten 50–100 mm von der Kante der Baumscheibe liegen.

Falls die Baumscheibe annähernd kreisrund ist, reißen Sie die Anbringungspunkte für die Tischbeine mit dem Stangenzirkel an **(Abb. 20)**. Ermitteln Sie den Mittelpunkt der Baumscheibe, und zeichnen Sie von dort aus einen Kreis mit dem Radius, auf dem Sie die Beine anordnen wollen. Verstellen Sie den Radius des Stangenzirkels nicht, setzen Sie eine Spitze dort auf den Kreis, wo ein Bein angebracht werden soll, und schlagen Sie mit der anderen Spitze einen kurzen Kreisbogen durch den großen Kreis. Gehen Sie so von Kreuzungspunkt zu Kreuzungspunkt vor, bis Sie sich einmal um den großen Kreis herumgearbeitet haben. Der große Kreis wird dadurch in sechs gleiche Stücke unterteilt. Stellen Sie auf jeden zweiten Kreuzungspunkt ein Bein **(Abb. 21)**. Sie erhalten so drei gleichmäßig verteilte Anbringungspunkte für die Tischbeine **(Abb. 22)**. Befestigen Sie die Beine an der Baumscheibe, und Sie haben einen Tisch, der eine Geschichte erzählen kann.

Schreibtisch mit lackiertem Gestell

Dieser Entwurf kombiniert ein solides traditionelles Tischgestell mit einer Bohle, die groß genug ist, um als Schreibtischplatte zu dienen. Bohlen mit Baumkante wirken vor allem deshalb so ansprechend, weil jede ein Einzelexemplar ist. Um für so eine einzigartige Bohle ein gut passendes Untergestell herzustellen, muss man schon einen gewissen Aufwand betreiben.

Werkzeug

- Einwegspritze für Epoxidharz
- Türenspanner
- Kapp- und Gehrungssäge
- Tischkreissäge
- Handoberfräse
- Nutklötze
- Lamellofräse

Grundlegendes

Maße der Bohle	1345 x 610 x 38 mm
Holzart der Bohle	Geriegelter Zuckerahorn
Maße des Gestells	1300 x 560, 725 mm hoch
Holzart des Gestells	Pappel
Oberflächenbehandlung der Bohle	Schellackgrundierung, Endbehandlung mit Lack auf Wasserbasis
Oberflächenbehandlung des Gestells	Schwarzer seidenmatter Sprühlack

Anstatt zu versuchen, ein zu der Bohle passendes Gestell zu bauen, kann man eine andere Richtung einschlagen und ein Gestell herstellen, dass einen Kontrapunkt zur Bohle bildet. Das kann ein lackiertes Gestell sein, oder – falls Sie nicht so gerne lackieren – ein Gestell aus einem Holz, das vollkommen anders aussieht als die Bohle. Dieser Schreibtisch mit einer Ahornbohle hätte auch mit einem Gestell aus Nussbaum oder Kirsche sehr gut ausgesehen. Solche dunklen Hölzer kontrastieren angenehm mit dem hellen Riegelahorn.

Bei einem Werkstück wie diesem Schreibtisch muss man das Arbeiten des Holzes berücksichtigen. Die Bohle wird am Gestell befestigt, allerdings darf die Befestigung nicht starr sein. Die Bohle muss bei Veränderungen der Temperatur und Luftfeuchtigkeit schwinden und quellen können. Das erreicht man mit Metallbeschlägen, die dieses Arbeiten des Holzes zulassen.

Holzauswahl

Eine Schreibtischplatte sollte, wie jede andere Arbeitsfläche auch, aus einem harten Holz hergestellt werden. Typische europäische Holzarten sind Ahorn, Nussbaum, Kirsche und Eiche. Es gibt aber eine Vielzahl von anderen Möglichkeiten. Die Bohle für diesen Schreibtisch ist aus geriegeltem amerikanischen Ahorn **(Abb. 1)**. Sie ist nicht gerade langweilig: Es gibt Rindeneinschlüsse (die dunklen Punkte), ein auffälliges Maserbild und einen sehr großen Riss.

Der Riss **(Abb. 2)** ist zwar optisch interessant, würde aber bei einer Arbeitsfläche eher stören. Rindeneinschlüsse sind genau das, was ihr Name aussagt: kleine Rindenstücke, um die das Holz des Baums herumgewachsen sind **(Abb. 3)**. Rechnen Sie nicht damit, dass ein Oberflächenmittel diese Fehlstellen ausfüllt – das geschieht so nicht.

In einem Fall wie diesem – eine Bohle mit vielen Fehlstellen – kann man Epoxidharz verwenden, um eine vollkommen ebene Arbeitsfläche zu erhalten. Geben Sie mit einer Spritze etwas Epoxidharz für

1 Zuckerahorn ist ein widerstandsfähiges Holz und deshalb gut für einen Schreibtisch geeignet. Dieses Stück ist mit dem großen Riss und den Rindeneinschlüssen sehr ausdrucksstark.

2 Ob man den Risst so belässt, wie er ist, oder ihn füllt, ist eine Geschmacksfrage. Die Bohle nimmt keinen Schaden, wenn man den Riss belässt, aber man sollte dann schon Acht geben, dass kein Bleistift in die Richtung rollt.

3 Rindeneinschlüsse sind interessante optische Details. Aber jeder Einschluss stellt auch eine kleine Vertiefung dar, welche die glatte Arbeitsfläche unterbricht.

4 Eine mit Epoxidharz gefüllte Spritze ist eine gute Möglichkeit, das Harz nur da auszubringen, wo es hin soll – in jeden der Rindeneinschlüsse.

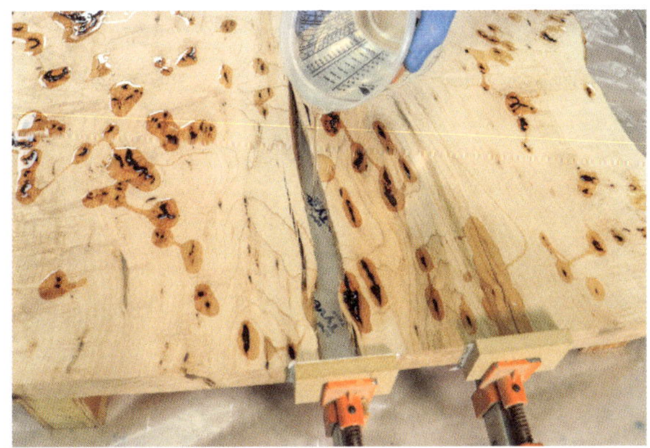

5 Ob man den Riss mit durchsichtigem oder farbigem Epoxidharz füllt, ist Geschmackssache. Da diese Bohle schon von vorneherein so ausdrucksstark war, wäre farbiges Harz vielleicht zu viel des Guten gewesen, deshalb wurde durchsichtiges verwendet.

dünne Schichten in jede Vertiefung um einen Rindeneinschluss **(Abb. 4)**. Legen Sie eine Umwallung um den Riss, und füllen Sie ihn dann mit einem Harz für größere Schichtdicken **(Abb. 5)**

Das Gestell

Während das Epoxidharz aushärtet, können Sie das Untergestell bauen. Die Bohle ist kein genaues Rechteck, was Sie berücksichtigen müssen, wenn Sie die Abmessungen für das Gestell festlegen. Messen Sie an verschiedenen Stellen die Länge und die Breite der Bohle **(Abb. 6)**, um das jeweils geringste Maß zu ermitteln. Verwenden Sie diese Maße, um aus ihnen die Größe des Gestells herzuleiten. Die Bohle sollte auf jeder Seite mindestens 25 mm bis 40 mm über das Gestell hinausragen.

Pappelholz **(Abb. 7)** ist eine gute Wahl für Werkstücke, die lackiert werden sollen. Birke und Ahorn sind gute Alternativen. Ihr gemeinsames Merkmal ist die Feinporigkeit des Holzes. Die Poren nehmen nicht sehr viel Lack auf, sodass sich die Holzfasern nicht aufrichten und die Oberfläche rau werden lassen. Bei anderen Holzarten (vor allem bei Kiefernholz) führen die vom Lack aufgerichteten Fasern oft zu einer minderwertigen Oberfläche. Man sollte deshalb bei Werkstücken, die man lackieren möchte, offenporige Hölzer wie Kiefer und Eiche meiden.

6 Legen Sie die Maße des Untergestells nach der schmalsten und nach der kürzesten Stelle der Bohle fest.

7 Pappelholz ist gut zu bearbeiten und sehr gut lackieren. Es kostet auch nicht viel, sodass es ein gutes Material für Werkstücke ist, die man bemalen oder lackieren will.

8 Schneiden Sie die Beine und Zargen auf Breite. Das Material für die Zargen ist 20 mm stark, das für die Beine 38 mm.

Richten Sie das Material ab, und schneiden Sie die Beine und Zargen auf Breite **(Abb. 8)**. Die Zargen für dieses Gestell sind 100 mm breit. Der Querschnitt der Beine ist 38 x 38 mm. Schneiden Sie ein Ende jedes Bauteils rechtwinklig ab, und schneiden Sie die Beine auf Endlänge **(Abb. 9)**. Die Kanten der Bauteile lassen

9 Verwenden Sie eine Stoppklotz, wenn Sie auf Länge schneiden, um sicherzustellen, dass gleiche Teile auch gleich lang sind.

10 Runden Sie die Außenkanten des Werkstücks mit einem 3-mm-Abrundfräser an. Die Enden der Zargen, die an die Beine stoßen, werden nicht abgerundet.

sich mit einer Kantenfräse leichte abrunden **(Abb. 10)**, was das fertige Möbel nutzerfreundlicher macht. Es ist sehr viel angenehmer, mit den Fingern an einer abgerundeten Kante entlang zu fahren als an einer scharfen Kante. Außerdem ist dieses Detail des Entwurfs auch sinnvoll, weil die Kanten nicht so schnell Abnutzungserscheinungen zeigen, wenn sie abgerundet sind – man denke an einen Staubsauger, der gegen die Kante stößt.

Das Arbeiten des Holzes ermöglichen

Eine der leichtesten Methoden, einer Holzbohle das Schwinden und Quellen zu ermöglichen, ist die Befestigung mit abgewinkelten Metallbeschlägen **(Abb. 11)**. Die Beschläge werden in einen Schlitz in der kurzen

11 Tischplattenbeschläge aus Metall erlauben der Tischplatte, unabhängig vom Gestell zu schwinden und zu quellen.

12 Legen Sie ein Ende des Beschlags am Parallelanschlag an, und stellen Sie den Anschlag so ein, dass das andere Ende nicht ganz bis an das Sägeblatt reicht.

13 Machen Sie einen Probeschnitt in einem Stück Restholz.

14 Wenn die Nut richtig positioniert ist, ergibt sich zwischen dem unteren Ende des Beschlags und einer darunter liegenden waagerechten Fläche ein kleiner Abstand.

15 Wenn Sie die richtige Einstellung für die Nut vorgenommen haben, können Sie die Nuten in die Bauteile Ihres Werkstücks schneiden.

Zarge gesteckt, also derjenigen, die senkrechte zur Holzfaser verläuft. Wenn die Tischplatte in der Breite ihr Maß verändert, bewegen sich die Beschläge im Schlitz und erlauben der Platte, sich zu bewegen. Schneiden Sie den Schlitz mit der Tischkreissäge in die Zargen. Stellen Sie die Schnitthöhe auf 10 mm ein, und verwenden Sie einen Beschlag als Lehre, um den Parallelanschlag der Säge einzustellen **(Abb. 12)**. Führen Sie einen Probeschnitt aus **(Abb. 13)**. Kontrollieren Sie die Passung **(Abb. 14)**. Justieren Sie nötigenfalls die Einstellung des Parallelanschlags nach, und schneiden Sie die Schlitze in die Bauteile, wenn die Passung stimmt **(Abb. 15)**.

Die Verbindungen

Es gibt verschiedene Möglichkeiten, die Beine mit den Zargen des Schreibtisches zu verbinden, zum Beispiel Schlitz-und-Zapfen-Verbindungen, Taschenlöcher (schräge Sacklöcher) oder Lamello-Formfedern. Unser Beispiel zeigt die Verwendung von Lamellos, von denen für jede Verbindung jeweils eines in der Größe 20 verwendet wurde.

Die Zargen springen etwas hinter den Außenflächen der Beine zurück. Dieses schöne kleine Gestaltungselement lässt sich mit einer Formfederfräse leicht umsetzen.

Verwenden Sie ein Stück Restholz in der Stärke der Zargen für die Einstellung der Fräse. Legen Sie ein Stück Acrylglas (6 mm stark) darauf, und richten Sie den Fräser mittig in der Stärke des Materials aus

16 Stellen Sie die Lamellofräse mit einem Stück Acrylglas zwischen Anschlag und Material für die Fräsungen an den Zargen ein.

17 Schneiden Sie die Schlitze in die Enden der Zargen mit eingelegtem Acrylglas zwischen Anschlag und Werkstück.

18 Entfernen Sie das Acrylglas, und schneiden Sie die Schlitze für die Lamellos in die Beine

19 Die Zulage aus Acrylglas sorgt dafür, dass man automatisch einen Rücksprung erhält, der der Stärke der Zulage entspricht.

(Abb. 16). Führen Sie einen Probeschnitt aus, und korrigieren Sie nötigenfalls die Einstellung des Anschlags an der Fräse. Legen Sie das Acrylglas auf die Zargen, und schneiden Sie die Schlitze für die Formfeder **(Abb. 17)**. Als Abstandshalter lässt sich auch jedes andere Material in 6 mm Stärke verwenden, aber Acrylglas hat den großen Vorteil, dass man die Positionsmarkierungen durch das Material erkennen kann.

Lassen Sie den Anschlag in der gleichen Position wie für die Zargen, und fräsen Sie ohne den Abstandshalter aus Acrylglas die Schlitze in die Beine **(Abb. 18)**. So entsteht automatisch ein Versatz von 6 mm zwischen den Zargen und den Beinen **(Abb. 19)**. Die

Größe des Versatzes lässt sich verändern, indem man stärkeres oder schwächeres Acrylglas als Abstandshalter verwendet.

Schleifen Sie alle Bearbeitungsspuren und Bleistiftmarkierungen von den Bauteilen. Arbeiten Sie sich bis zu einer Körnung von 180 hinab, um die Oberflächen für das Lackieren vorzubereiten.

Die Montage des Gestells

Das Gestell besteht aus vielen Einzelteilen, man sollte es deshalb in mehreren Etappen verleimen **(Abb. 20)**. Legen Sie Packpapier unter die Montage, um Ihre Werkbank vor austretendem Leim zu schützen. Klopfen Sie die Zargen mit einem Schonhammer in die richtige Lage in den Beinen, und verwenden Sie Zulagen mit

20 Montieren Sie zuerst die beiden Seitenteile des Gestells zusammen. Kontrollieren Sie auf Rechtwinkligkeit, während Sie die Türenspanner anziehen.

21 Befestigen Sie mit Zwingen Klötze provisorisch an den Beinen, auf denen die Zargen bei der Endmontage aufliegen können. Nehmen Sie die Hilfsklötze wieder ab, sobald die Zargen festgespannt sind, damit sie nicht versehentlich am Gestell angeleimt werden.

den Türenspannern, damit es keine Druckstellen im Holz gibt. Ziehen Sie die Türenspanner zuerst nur etwas an, und kontrollieren Sie die Baugruppe auf Rechtwinkligkeit. Ziehen Sie erst danach die Türenspanner fest an. Kontrollieren Sie sorgfältig auf ausgetretenen Leim. Falls Sie welchen entdecken, lassen Sie ihn etwas antrocknen, bis er eine gummiartige Konsistenz hat, und nehmen Sie ihn dann mit einer scharfen Klinge ab. Bauen Sie die verschiedenen Montagegruppen kopfüber auf der Werkbank zusammen **(Abb. 21)**. Verwenden Sie auch dabei Zulagen unter den Türenspanner, und kontrollieren Sie auf Rechtwinkligkeit. Nehmen Sie die Türenspanner ab, wenn der Leim getrocknet ist, und schleifen Sie, wo es nötig ist.

Lackieren

Stellen Sie das Gestell kopfüber auf eine Werkbank, die Sie mit Packpapier abgedeckt haben. Drehen Sie in das untere Ende jedes Tischbeins eine Schraube ein, sodass noch etwa 25 mm der Schraube herausragen. Lackieren Sie die unteren Flächen der Beine und Zargen **(Abb. 22)**. Normaler Sprühlack aus der Dose eignet sich gut für Werkstücke wie dieses und liefert bessere Ergebnisse als ein Lack, den man mit Pinsel oder Rolle aufträgt. Ein Aufsatz mit Pistolengriff für die Sprühdose ist leicht erhältlich und macht sich bei größeren Lackierarbeiten wie hier schnell bezahlt.

Stellen Sie das Gestell richtig herum auf, um die Lackierung zu beenden **(Abb. 23)**. Dabei erweist sich der Nutzen der Schrauben in den Tischbeinen: Sie können den Tisch umdrehen und auf das Packpapier stellen, solange der Lack noch feucht ist, und das Werkstück bleibt nicht am Packpapier haften. Sie werden wahrscheinlich mehrere Lackschichten auftragen müssen, um eine gute Deckung zu erreichen. Falls sich die erste Schicht etwas rau anfühlen sollte, schleifen Sie sie mit 220er Schleifpapier leicht ab, bevor Sie die weiteren Schichten aufbringen.

22 Beginnen Sie das Lackieren, indem Sie das Gestell kopfüber aufstellen. Lackieren Sie alle Flächen, zu denen Sie keinen Zugang mehr haben, wenn das Gestell richtig herum steht.

23 Drehen Sie das Gestell um, und lackieren Sie die restlichen Flächen.

24 Mit einem Bandschleifer lässt sich überflüssiges Epoxidharz schnell von der Oberfläche entfernen.

25 Schleifen Sie mit einem Exzenterschleifer zu Ende. Die meisten Hersteller von Epoxidharz empfehlen, höchstens bis zur Körnung 220 zu schleifen, weil bei feinerem Schliff die Haftfähigkeit von Oberflächenmitteln auf dem Harz beeinträchtigt wird.

Abschließendes Schleifen und Endmontage

Wenn das Epoxidharz vollkommen ausgehärtet ist (beachten Sie auf jeden Fall die entsprechenden Hinweise des Herstellers), wird die Oberfläche der Bohle geschliffen, um überschüssiges Harz zu entfernen. Beginnen Sie mit einer Bandschleifmaschine **(Abb. 24)**, und führen Sie den Feinschliff dann mit einem Exzenterschleifer durch **(Abb. 25)**. Brechen Sie die scharfen Kanten an der Baumkante der Bohle mit einem Schleifklotz und 220er Schleifpapier **(Abb. 26)**. Tragen Sie das Oberflächenmittel Ihrer Wahl auf die Bohle auf, sowohl auf das Holz als auch auf das Epoxidharz.

Legen Sie die Bohle mit der Sichtseite nach unten auf Ihre Werkbank. Schützen Sie die Oberfläche mit Teppichresten oder ähnlichem, die Sie auf die Bank unter die Bohle legen. Richten Sie das Gestell mittig auf der Bohle aus **(Abb. 27)**. Bohren Sie die Löcher für die Befestigungsschrauben der Winkelbleche vor, und bringen Sie die Winkelbleche an **(Abb. 28)**. Ziehen Sie die Schrauben nicht zu fest an. Zu fest angezogene Schrauben können den Flansch des Winkelbretts in das Holz der Zarge ziehen und so die Bohle am Schwinden und Quellen hindern. Stellen Sie dann den Schreibtisch aufrecht hin, und erfreuen Sie sich an Ihrer Arbeit!

26 Baumkanten können sehr scharfe Kanten an den Ecken haben. Brechen Sie diese durch Schleifen mit dem Schleifklotz.

27 Richten Sie das Gestell mittig auf der Bohle aus. Das kann bei Bohlen mit unregelmäßiger Form nicht ganz leicht sein und erfordert manchmal etwas Entscheidungsfreude.

28 Markieren Sie die Bohrtiefe mit einem Stück Klebeband am Bohrer, mit dem Sie für die Schrauben vorbohren, damit Sie nicht versehentlich ganz durch die Bohle bohren. Drehen Sie die Schrauben ein, mit denen die Tischplattenwinkel gehalten werden. Die Schrauben sollten fest sitzen, aber nicht zu stramm.

Regal mit Stahlrohren

Abschnitte aus einer schmalen Bohle lassen sich gut als Material für ein Regal verwenden. Wenn man eine Bohle mit Baumkante und Stahlrohre einsetzt, erhält man ein funktionales Möbelstück mit einem interessanten industriellen Flair.

Werkzeug

- » Elektrische Kettensäge (falls gewünscht)
- » Abrichthobelmaschine
- » Frästisch
- » Schwalbenschwanz-Zwingen
- » Tischkreissäge
- » Großer Tischler- oder Zimmermannswinkel
- » Akkuschrauber
- » Große Kombizange oder Rohrzange

Grundlegendes	
Höhe	1725 mm
Breite	710 mm
Tiefe	460 mm
Stärke der Regalbretter	38 mm
Material	Douglasie, schwarzes Stahlrohr, ¾“ Durchmesser
Oberflächenbehandlung	Hartöl

1 Verwenden Sie lange und relativ schmale Bohlen für Regalbretter.

Für die Regalbretter dieses Regals benötigen Sie eine lange, relativ schmale Bohle **(Abb. 1)** oder eine Bohle, die so breit ist, dass Sie die Bretter aus ihr in der benötigten Breite zuschneiden können. Bücherregale erfordern meist Regalbretter, die mindesten 300 mm breit sind, aber die Breite der Bretter kann je nach dem beabsichtigten Verwendungszweck von 150 mm bis 600 mm variieren. Wenn man eine lange, schmale Bohle verwendet, kann man die Baumkante an beiden Seiten der Regalbretter belassen, was man vielleicht tun möchte, falls das Regal frei im Raum und nicht vor einer Wand aufgestellt werden soll. Die Länge der Regalbretter hängt vom beabsichtigten Verwendungszweck des Regals beziehungsweise vom Platz ab, der am Aufstellungsort zur Verfügung steht.

Vorbereitung der Bauteile

Man kann die Regalbretter anstatt an der Tischkreissäge auch mit einer Kettensäge auf Länge schneiden **(Abb. 2)**. Dadurch erhalten die Hirnholzkanten ein raueres Aussehen **(Abb. 3)**, das recht gut zur industriellen Anmutung des fertigen Regals passt. Beachten Sie die vielen Risse in der abgebildeten Bohle. Man kann sie natürlich einfach so belassen. In unserem Fall sind sie jedoch so groß, dass sie die strukturelle Integrität der Bretter so sehr schwächen könnten, dass diese auseinanderfallen. Bringen Sie Wälle um die Risse an, und gießen Sie

2 Längen Sie die Bohlen mit der Kettensäge ab, um den Hirnholzkanten ein extrem raues Aussehen zu geben.

3 Das Hirnholz ist nach dem Sägen dann sehr rau. Später wird es grob geschliffen, um allzu scharfe Stellen etwas zu glätten.

4 Gießen Sie Epoxidharz in größere Risse, um das Holz zu stabilisieren. Gefärbte Harz ergibt einen ansprechenden Kontrast zum Holz.

eingefärbtes Epoxidharz in die Risse, um das Problem zu losen **(Abb. 4)**. Wenn das Harz trocken ist, schleifen Sie hochstehende Stellen ab und hobeln das Material auf die gewünschte Stärke der Regalbretter aus **(Abb. 5)**. Je stärker die Bretter sind, desto länger können sie sein, ohne sich durchzubiegen. Ein 20 mm starkes Brett kann 750 mm lang sein und eine normale Last tragen, ohne durchzuhängen. Als Faustregel für den Höhenabstand der Regalbretter kann man 175 mm bis 380 mm annehmen, bei Bücherregalen beträgt er meist zwischen 200 mm und 300 mm.

5 Hobeln Sie die Bretter auf Endstärke aus.

Eine Vorrichtung zum Besäumen

Um Bohlen mit Baumkante an der Tischkreissäge auf Breite zu schneiden, benötigt man entweder einen Schiebeschlitten mit Besäumschuh an der Maschine, oder man muss sich eine Vorrichtung bauen. Eine solche Vorrichtung ist leicht herzustellen, im gezeigten Beispiel wird sie mit Schwalbenschwanz-Zwingen des Herstellers MicroJig verwendet. Die Zwingen werden in Schwalbenschwanznuten geführt und ermöglichen auch das Einspannen unregelmäßig geformter Werkstücke, um sie sicher sägen zu können.

Schneiden Sie die Grundplatte der Vorrichtung zu. MDF ist gut als Material geeignet, und eine praktische Größe ist 900 x 500 x 20 mm. Die Größe können Sie nach Ihren Wünschen sowohl nach oben als auch nach unten abändern. MicroJig (www.microjig.com) bietet gute Anleitungen für den Bau von Vorrichtungen und die Verwendung seiner Zwingen. Fräsen Sie am Frästisch Schwalbenschwanznuten im Abstand von 75 mm von jeder Kante **(Abb. 6)**. Die Vorrichtung **(Abb. 7)** ist beim Bau des hier gezeigten Werkstücks hilfreich und stellt auch sonst eine nützliche Ergänzung Ihrer Werkstattausstattung dar.

Alternativ können Sie die Regalbretter auch mit der Handkreissäge mit oder ohne Führungsschiene auf Breite schneiden.

6 Fräsen Sie Schwalbenschwanznuten in die Grundplatte der Besäumvorrichtung.

7 Diese einfache Vorrichtung erlaubt es, gerade Kanten an unregelmäßig geformten Holzstücken anzuschneiden.

Regalbretter besäumen

Legen Sie das Material auf die Vorrichtung, und messen Sie den Abstand von der Kante der Vorrichtung bis zur Rinde **(Abb. 8)**, um die Bohle zu positionieren. Richten Sie beide Enden der Bohle so aus, damit die besäumte Kante parallel zur Rindenkanten verläuft.

8 Legen Sie die Bohle auf die Vorrichtung. Messen Sie von der Kante der Vorrichtung bis zur Rinde. Spannen Sie die Bohle ein.

Die Vorrichtung bietet den zusätzlichen Vorteil, dass man Werkstücke auch schräg an ihr befestigen kann, falls man eine Verjüngung anschneiden möchte. Ziehen Sie die Zwingen an, und führen Sie den Schnitt aus **(Abb. 9)**. Sie können die Regalbretter unterschiedlich breit zuschneiden, etwa indem Sie die Bretter im Regal von unten nach oben immer schmaler werden lassen. Sie können sich aber auch für Bretter gleicher Breite entscheiden. Falls die Breite unterschiedlich sein soll, ist es angebracht, jedes Brett um das gleiche Maß schmaler zu schneiden als das vorhergehende. So kann man zum Beispiel jedes Brett 25 mm schmaler machen als das darunter liegende. Auf die gleiche Weise kann man auch die Länge der Regalbretter variieren. Ansprechend sieht es aus, wenn das längste Brett unten und das kürzeste oben im Regal liegt.

Schleifen und vorbohren

Die Kettensäge hinterlässt eine cool aussehende raue Kante am Hirnholzende der Bretter. Allerdings vielleicht etwas zu rau. Sie können die Splitter entfernen, ohne das grobe Aussehen vollkommen zu beseitigen, indem Sie das Hirnholz mit 60er Schleifpapier bearbei-

9 Schneiden Sie die Regalbretter auf Breite. Sie können alle gleich breit sein, oder jeweils etwas schmaler als das vorhergehende geschnitten werden.

10 Schleifen Sie das Hirnholz mit 60er Schleifpapier. Diese grobe Körnung glättet das Holz etwas, ohne das etwas raue Aussehen vollkommen zu beseitigen.

11 Verwenden Sie ein Stücksperrholz für die Schablone, mit der die Lage der Flansche angerissen wird.

12 Richten Sie die Mittelpunkte der Flansche in gleicher Entfernung von den Enden der Regalbretter aus, und übertragen Sie die Lage der Schraubenlöcher auf das Holz.

ten **(Abb. 10)**. Falls Ihnen das Aussehen und die Haptik des Kettensägeschnitts jedoch gefällt, können Sie auch auf das Schleifen verzichten. Das ist eine rein ästhetische Entscheidung.

Das Regal lässt sich am einfachsten zusammenbauen, wenn man die Löcher für die Rohrflansche in einem Zug vorgebohrt hat (anstatt zu versuchen, sie einzeln Stück für Stück anzubringen). Wenn man eine Schablone verwendet, um die Lage der Flansche anzureißen, erleichtert das nicht nur die Montage, es sorgt auch dafür, dass die Rohre senkrecht von oben nach unten fluchten und wie durchgehende Säulen wirken.

Die Schablone ist auch bei Regalbrettern nützlich, die nicht genau rechtwinklig sind. Die mit der Kettensäge geschnittenen Enden und die Baumkante können das Ausmessen der Lage einzelner Flansche zu einem Problem werden lassen. Falls die Regalbretter unterschiedlich breit oder lang sind, ist das nicht so kritisch, da die Rohre wahrscheinlich sowieso nicht genau übereinanderstehen. In diesem Fall wird man vielleicht eine Schablone verwenden, um einige der Flansche zu platzieren, aber nicht für alle.

Schneiden Sie eine Sperrholzplatte zu, die groß genug ist, um die Lage aller Flansche zu berücksichti-

13 Legen Sie die Schablone der Länge nach mittig auf die Regalbretter und übertragen Sie die Mittellinien der Flansche von der Schablone auf die Kanten der Regalbretter.

14 Bohren Sie in den Regalbrettern Löcher für die Flanschschrauben vor.

gen. Legen Sie die Platte auf den Stapel Regalbretter, und experimentieren Sie mit unterschiedlichen Positionen für die Flansche **(Abb. 11)**. Die Kante eines Flansches sollte mindestens 6 mm vom Ende und vom Rand des Regalbretts entfernt sein. Größere Abstände können allerdings nach freiem Ermessen gewählt werden. Wenn Sie mit der Anordnung zufrieden sind, reißen Sie mit einem Winkel die Mittellinien der Flansche auf der Schablone an **(Abb. 12)** und markieren die Lage der beiden Schraubenlöcher, die auf dieser Linie liegen. Dieses Anreißen wird durch die besäumte Kante an jedem Regalbrett vereinfacht. Verwenden Sie diese Kante als Bezugskante. Wenn Sie die Anordnung auf der Schablone angerissen haben, übertragen Sie die Mittellinien der Flansche auf die Kanten der Regalbretter **(Abb. 13)**. Richten Sie die Mittellinien auf der Schablone an den Rissen an den Brettkanten aus, und bohren Sie an den Positionen der Schrauben durch die Schablone in die Regalbretter **(Abb. 14)**. Verwenden Sie Klebeband am Bohrer als Tiefenmaß für die Bohrung. Denken Sie daran, dass das oberste Regalbrett nur an der Unterseite mit Sacklochbohrungen versehen wird.

Die Arbeit mit Stahlrohren

Stahlrohre lassen sich für viele kreative Gestaltungszwecke verwenden. Im Baumarkt gibt es die Rohre in verschiedenen Durchmessern, meist von ¼“ bis 2“, und unterschiedlichen Längen **(Abb. 15)**. Es gibt Fittings wie 45°- und 90°-Winkelstücke, Flansche zur Boden- und Wandbefestigung (die in unserem Werkstück eingesetzt werden) und Verbindungsstücke. Das für den Durchmesser angegebene Maß bezieht sich immer auf den Innendurchmesser des Rohrs. Man kann unterschiedliche Wirkungen und Kontraste erzielen, indem man verzinkte oder schwarze Rohre verwendet. Verzinkte Rohre sind etwas teurer. Bei einem Besuch im Baumarkt kann man sich über das Angebot informieren und ein Gefühl dafür bekommen, was möglich ist, bevor man sich an ein Werkstück macht. Für dieses Regal wurden 3/4“-Rohre in Längen von 300 mm und 450 mm verwendet, die an jedem Ende mit einem Flansch versehen wurden.

Stahlrohre können schmutzig und ölig sein. Reinigen Sie die Bauteile mit einem geeigneten Lösungsmittel, bevor Sie mit der Arbeit beginnen. Stellen Sie die

15 Stahlrohre gibt es im Baumarkt in unterschiedlichen Längen und Durchmessern, entweder verzinkt oder in schwarz.

17 Prüfen Sie die Länge der Einheiten aus Rohren und Flanschen auf Einheitlichkeit. Justieren Sie nötigenfalls entsprechend.

16 Säubern Sie die Rohre und Flansche, und drehen Sie einen Flansch auf jedes Ende des Rohrs.

Rohrsäulen für das Regal her, indem Sie an jedem Ende jedes Rohrs einen Flansch anbringen **(Abb. 16)**. Spannen Sie einen Flansch an der Werkbank ein, und ziehen Sie den anderen mit einer Wasserrohrzange an. Die Verbindung muss nicht übermäßig fest angezogen werden, es reicht vollkommen, wenn die Flansche spielfrei am Rohr sitzen. Achten Sie darauf, die Flansche nicht mit der Wasserrohrzange zu beschädigen. Stellen Sie die Baugruppen auf die Werkbank, und kontrollieren Sie, dass sie gleich lang sind **(Abb. 17)**, damit der Abstand zwischen den Regalbrettern gleichmäßig ausfällt und das Regal nicht wackelt.

Schleifen Sie zuerst die Regalbretter, und nehmen Sie die Oberflächenbehandlung vor. Diese Arbeiten sind sehr viel leichter auszuführen, bevor man das Regal zusammenbaut. Montieren Sie dann das Regal, indem Sie die Flansche an den Unterseiten der Regalbretter in die mit der Schablone vorgebohrten Löcher schrauben **(Abb. 18)**. Legen Sie Teppichreste unter die Regalbretter auf die Werkbank, um ihre Oberflächen zu schützen. Bohren Sie Führungslöcher durch die anderen beiden Löcher in jedem Flansch, und drehen Sie auch dort die Schrauben ein. Flachkopfschrauben für den Trockenbau mit 25 mm Länge sind gut für schwarze Rohre geeignet. Bei verzinkten Rohren sollte

18 Schrauben Sie die Stahlrohre an den Unterseiten der Regalbretter an.

19 Richten Sie die Schraubenlöcher in den Flanschen an den vorgebohrten Löchern in den Brettern aus.

man auch verzinkte Schrauben verwenden. Prüfen Sie die Ausrichtung der beiden Flansche an den gegenüberliegenden Enden jedes Rohrs, nachdem Sie es an dem Regalbrett angebracht haben.

Drehen Sie den Flansch mit der Wasserohrzange, bis die Löcher senkrecht zur Kante ausgerichtet sind **(Abb. 19)**. So deckt sich ihre Ausrichtung mit derjenigen der Löcher, die Sie mit der Schablone vorgebohrt haben. Dadurch entstehen vielleicht minimale Längenunterschiede zwischen den einzelnen Baugruppen, die jedoch nicht so groß sind, dass sie sich negativ auf das Regal auswirken. Bauen Sie das Regal von unten nach oben zusammen. Legen Sie das Regalbrett zurecht, stellen Sie die Rohre darauf, richten Sie die Löcher in den Flanschen an den vorgebohrten Löchern aus, und drehen Sie die Schrauben ein **(Abb. 20)**. Bohren Sie Löcher für die anderen Schrauben vor, und drehen Sie diese ebenfalls ein.

Falls das Regal wackelt, verstellen Sie die Länge der Rohrbaugruppen, die vom untersten Regalbrett auf den Fußboden reichen, bis das Regal stabil steht.

20 Bringen Sie die Flansche über den vorgebohrten Löchern in den Brettern in Stellung, und drehen Sie die Schrauben ein.

LIVE FULLY
CREATE HAPPINESS
SPEAK KINDLY
HUG DAILY
SMILE OFTEN
HOPE MORE
LAUGH FREELY
SEEK TRUTH
INSPIRE CHANGE
LOVE DEEPLY

Schwebendes Regal

Ein schwebendes Wandregal mit Baumkante gibt jedem Raum das gewisse Etwas – raffiniert und doch rustikal. Da keine Träger zu sehen sind, hat ein solches Regal fast etwas Magisches.

Werkzeug

- Tischkreissäge
- Ziehmesser
- Nutkreissägeblatt
- Selbstzentrierende Dübellehre
- Akkuschrauber
- Holzbohrer
- Zwingen
- Wasserwaage
- Dübel oder Schwerlastanker

Grundlegendes	
Abmessungen	700 x 230 x 38 mm
Material	Zürgelbaum
Beschläge	Regalträger für schwebende Regale
Oberflächenbehandlung	Klarlack

Da keine Beschläge zu sehen sind, gibt es nichts, das von der Schönheit des Holzes ablenken könnte, das Sie ausgewählt haben. Falls Sie eine Bohle mit ein paar Fehlstellen haben **(Abb. 1)**, ist dies eine gute Möglichkeit, sie zu verwerten. Sie können die Fehlstellen ausschneiden und so die kleineren Bauteile erhalten, die Sie für freischwebende Regalbretter benötigen.

Im Fachhandel und im Internet gibt es eine breite Auswahl an Beschlägen, um Regalbretter unsichtbar an der Wand zu montieren. Kaufen Sie die Beschläge **(Abb. 2)**, bevor Sie mit der Arbeit beginnen. Die Konstruktion der Beschläge ist bei den meisten Herstellern sehr ähnlich. Sie bestehen aus einer Halterung, an der eine oder mehrere Stangen angebracht sind. Die Halterung wird an die Wand montiert, und die Stangen werden in das Regalbrett gesteckt, um es zu tragen. Die zulässige Stärke und Breite des Regalbretts sind je nach Fabrikat der Beschläge unterschiedlich, wie auch das Höchstgewicht, mit dem der Beschlag belastet werden darf. Längere Regalbretter erfordern natürlich auch längere Beschläge. Die Hinterkante des Regalbretts wird so zugeschnitten, dass die Halterung nicht zu sehen ist und die Stangen eingesteckt werden können. Beachten Sie die Hinweise des Beschlagherstellers. Hier noch einige hilfreiche Tipps:

1 Diese Bohle hat einige stark beschädigte Stellen und ist deshalb ein guter Kandidat, um die kleineren Bauteile daraus zu schneiden, die man für schwebende Regale benötigt.

Die Regalbretter vorbereiten

Schneiden Sie die Regalbretter auf Länge, und verwenden Sie die Vorrichtung zum Besäumen (Seite 134), um sie auf Breite zu schneiden **(Abb. 3)**. Stimmen Sie die Breite der Bretter auf die Beschläge ab, die Sie gekauft haben. Hobeln Sie die Bretter auf Stärke. Beachten Sie auch hierbei die Maße, die durch Ihre Beschläge vorge-

2 Kaufen Sie die Beschläge für das Regal, bevor Sie mit der Arbeit am Werkstück beginnen.

3 Schneiden Sie die Regalbretter mit der Vorrichtung zum Besäumen auf Breite.

geben werden. Manchmal wird eine maximale Stärke angegeben, eine Minimalstärke ist immer erforderlich. Das Regalbrett muss so stark sein, dass die Beschläge nicht zu sehen sind. Hobeln Sie ein Reststück auf die gleiche Stärke wie die Regalbretter aus. Sie benötigen es später für Probeschnitte. Falls die Rinde an der Baumkante lose ist, sollte man sie mit einer Ziehklinge abnehmen **(Abb. 4)**.

4 Kontrollieren Sie die Rinde an der Baumkante, und nehmen Sie sie ab, falls sie locker sein sollte.

Das Brett passend für die Halterung zurichten

Die Beschläge für das Regalbrett werden in einer Nut an der hinteren Kante des Bretts verborgen. Man kann die Nut an der Tischkreissäge oder einem Nutfräser am Frästisch schneiden. Das Nutkreissägeblatt oder der Fräser sollten etwas mehr als halb so breit sein wie die Halterung. Für eine Halterung mit 25 mm Breite sollte das Maß des Werkzeugs 13 oder 14 mm betragen.

Die Schnitttiefe sollte etwas größer sein als die Stärke der Halterung **(Abb. 5)**. Das Maß lässt sich leichter durch Fühlen als durch Messen ermitteln: Legen Sie die Halterung neben das Kreissägeblatt oder den Fräser, und heben Sie das Werkzeug an, bis Sie spüren können, dass es knapp höher steht als die Halterung (etwas weniger als 1 mm).

Messen Sie die Breite der Halterung, ziehen Sie dieses Maß von der Stärke der Bretter ab, und teilen Sie das Ergebnis durch zwei, um den Abstand vom Maschinenanschlag bis zur Werkzeugschneide zu ermitteln. Bei einer 25 mm breiten Halterung und einem 40 mm starken Regalbrett muss dieser Abstand zum Beispiel 7,5 mm betragen. Stellen Sie den

5 Rüsten Sie Ihre Tischkreissäge mit einem Nutsägeblatt auf, und stellen Sie die Schnitthöhe auf etwas mehr als die Stärke der hinteren Halterung ein.

6 Bringen Sie den Parallelanschlag in Stellung, und führen Sie einen Schnitt im Probestück aus.

7 Drehen Sie das Probestück, und machen Sie einen zweiten Schnitt, um die Nut fertigzustellen.

8 Prüfen Sie den Sitz der Halterung im Probestück.

9 Schneiden Sie die Nuten in die Regalbretter.

Anschlag dementsprechend ein, und bringen Sie einen Druckkamm auf dem Arbeitstisch an, um das Werkstück an den Anschlag zu pressen. Führen Sie zwei Schnitte im Probestück aus **(Abb. 6 und 7)**. Drehen Sie das Probestück zwischen den Schnitten in Längsrichtung, sodass erst die eine, dann die andere Fläche am Anschlag anliegt. Die Halterung sollte sich leicht in die Nut einlegen lassen und etwas unter dem Niveau des umgebenden Holzes liegen **(Abb. 8)**. Machen Sie Probeschnitte, bis die gewünschte Passung erreicht ist, und schneiden Sie erst dann die Nuten in die Regalbretter **(Abb. 9)**.

Die Bohrungen für die Stangen

Ermitteln Sie die Lage des Beschlags am Regalbrett, indem Sie den Abstand zwischen den Stangen messen, dieses Maß von der Gesamtlänge des Bretts abziehen und das Ergebnis durch Zwei teilen **(Abb. 10)**. Sie erhalten so den Abstand vom Brettende bis zur Mitte der ersten Stange. Falls zum Beispiel der Abstand von Stange zu Stange 450 mm beträgt und das Regalbrett 630 mm lang ist, dann liegt die Mitte der Stange 90 mm vom Brettende entfernt. Bringen Sie in dieser Entfernung eine Markierung an, und legen Sie die Stange an der Markierung an **(Abb. 11)**. Halten Sie den Beschlag in dieser Position fest, und übertragen Sie die Lage der zweiten Stange auf das Regalbrett **(Abb. 12)**. Es ist einfacher und genauer, die Position zu übertragen, als zu messen und markieren. Für den Beschlag müssen präzise Bohrungen im Regalbrett vorgenommen werden, die als Aufnahme für die Stangen dienen. Wenn hierbei Fehler geschehen, ist das Brett nicht mit dem Beschlag zu verwenden, gehen Sie deshalb bei diesem Arbeitsschritt sehr genau vor.

Ermitteln Sie am Beschlag den notwendigen Durchmesser für die Bohrungen. Mit einer selbstzentrierenden Dübellehre lassen sich die Bohrungen genau senkrecht zur Kante des Regalbretts bohren. Richten Sie die

10 Messen Sie den Abstand der Stangen.

11 Positionieren Sie den Beschlag am Regalbrett, indem Sie die Stange an Markierung ausrichten, mit der Sie zuvor den Mittelpunkt der Stange am Brett gekennzeichnet haben.

Lehre an den Markierungen für die Stangen aus, und bohren Sie die Aufnahme mit einem Bohrer des richtigen Durchmessers **(Abb. 13)**. Die Stangen sind meist so lang, dass man die Aufnahmen nicht tief genug bohren kann, solange die Dübellehre am Brett angespannt ist. Nehmen Sie deshalb die Lehre ab, und vertiefen Sie die Aufnahme freihändig, bis sie tief genug ist, um die Stange aufzunehmen. Wiederholen Sie den Vorgang für

12 Markieren Sie die Position der zweiten Stange am Regalbrett.

13 Stellen Sie eine selbstzentrierende Dübellehre auf die Markierungen für die Beschlagstangen, und bohren Sie durch die Bohrhülse der passenden Größe ein Loch in das Regal.

14 Nehmen Sie die Dübellehre ab, und bohren Sie bis zur Tiefe, die für die Stange erforderlich ist.

15 Man kann das Bohren in zwei Arbeitsgängen vermeiden, wenn man einen extralangen Holzbohrer verwendet.

16 Prüfen Sie nochmals die Passung des Beschlags im Regalbrett.

17 Schneiden Sie ein Endstück für die Nut zu, indem Sie ein Reststück des Brettmaterials auf das passende Maß aushobeln.

18 Leimen Sie das Endstück in die Nut.

die zweite Stange. Es gibt im Fach- oder Versandhandel Bohrer mit Überlänge in unterschiedlichen Längen. Falls Sie einen solchen Bohrer verwenden, können Sie die Aufnahmen auch bohren, ohne die Dübellehre abnehmen zu müssen **(Abb. 15)**.

Prüfen Sie, ob die Beschläge gut in die Nut und die Bohrungen passen **(Abb. 16)**. Falls sie sich nicht leichtgängig einstecken lassen, können Sie die Bohrungen vielleicht etwas erweiterten, indem Sie den laufenden Bohrer in der Bohrung etwas im Kreis bewegen. Das ist jedoch nicht fachgerecht und kann die Stabilität des Regals beeinträchtigen.

Die Nutöffnung verdecken

Die Nut, in welche die Halterung eingelegt wird, ist nicht abgesetzt geschnitten, sondern läuft auf ganzer Länge an der Hinterkante des Regalbretts durch. Man sieht deshalb nach der Montage an der Wand die offenen Enden der Nut. Sie lassen sich jedoch leicht verdecken, indem man kleine Leistenstücke einsetzt. Hobeln Sie ein Reststück des Regalmaterials so zu, dass es in

19 Wenn man das Material für die Endstück sorgfältig auswählt, sind sie an den Enden der Regalbretter kaum zu erkennen.

der Breite genau in die Nut passt **(Abb. 17)**. Schneiden Sie davon Leisten ab, deren Stärke der Tiefe der Nut entspricht. Schneiden Sie von der Leiste kurze Abschnitte ab, die Sie in das Ende der Nut einleimen **(Abb. 18)**. Der Leistenabschnitt darf nicht so lang sein, dass er bei der Anbringung des Beschlags stört. Es ist eine gute Idee, mehrere Leisten zuzuschneiden, um die Farbe und Maserung auf das umgebende Holz abstimmen zu können und das Flickstück weniger auffällig zu machen **(Abb. 19)**.

Die Regal an der Wand anbringen

Ziehen Sie die Anleitung des Herstellers für die Anbringung der Beschläge zu Rate. Die Schrauben, mit denen die Beschläge an der Wand befestigt werden, müssen in Dübel eingesetzt werden, die auf die Wandkonstruktion abgestimmt sind.

Zeichnen Sie mit der Wasserwaage Linien auf der Wand an, wo die Beschläge angebracht werden sollen. Legen Sie die Beschläge an den Linien an, und übertragen Sie die Lage der Schraubenlöcher auf die Wand **(Abb. 20)**. Unterschiedliche Dübel oder andere Wandverankerungen erfordern unterschiedliche Vorbohrungen. Verwenden Sie einen entsprechenden Bohrer, und bohren Sie an den markierten Stellen die Löcher für die Befestigungsschrauben **(Abb. 21)**. Befestigen Sie die Beschläge an der Wand **(Abb. 22)**, und schieben Sie die Regalbretter auf die Stangen der Beschläge auf **(Abb. 23)**.

20 Zeichnen Sie waagerechte Linien an der Wand an, und richten Sie die Beschläge daran aus, um die Bohrlöcher übertragen zu können.

21 Bohren Sie Löcher für die Dübel.

22 Befestigen Sie die Beschläge mit Schrauben in den Dübeln.

23 Schieben Sie die Regalbretter auf.

Esstisch mit spiegelbildlicher Maserung

Ein Tischgestell im industriellen Retrolook passt perfekt zu einer Tischplatte mit Baumkante. Die hier gezeigten Reproduktionen aus Aluminiumguss sind leichter (und preiswerter) als Originale aus dem Antiquitätenhandel.

Werkzeug

- » Lange Wasserwaage oder Richtscheit
- » Handkreissäge mit Führungsschiene
- » Lamellofräse
- » Türenspanner
- » Bohrmaschinenständer
- » Knarre
- » Akkubohrmaschine mit Schleifscheibe

Grundlegendes	
Höhe	760 mm
Länge	1620 mm
Breite	810 mm
Stärke	25 mm
Material	Schwarznuss oder Walnuss, Beine aus Aluminiumguss
Oberflächenbehandlung	Hartöl

1 Nacheinander von einem Stamm geschnittene Bohlen weisen eine spiegelbildliche Maserung auf, ähnlich wie die Seiten eines aufgeschlagenen Buchs.

2 Entscheiden Sie, welche Kanten besäumt werden sollen, indem Sie die Bohlen überlappend aufstellen. Bei dieser Option erhalten Sie einen eher rechteckigen Tisch, und die wilde Maserung nahe der Baumkante bleibt erhalten.

3 Lassen Sie die beiden anderen Kanten der Bohlen überlappen, um die zweite Option zu prüfen. In diesem Fall ergibt sich eine eher glockenförmige Tischplatte und die wilde Maserung wird weggeschnitten.

Falls Sie Bohlen bekommen können, die nacheinander aus dem gleichen Stamm geschnitten wurden, können Sie ein Werkstück mit spiegelbildlich angeordneter Maserung bauen. Dabei werden die Bohlen so nebeneinander gelegt wie die Seiten eines geöffneten Buchs. Von den vier Flächen an zwei Bohlen können zwei auf diese Weise gespiegelt (oder ‚gestürzt') werden, zwei nicht. Ob die Seiten sich gespiegelt anordnen lassen, können Sie anhand auffälliger Merkmale (Aststellen, Splintholz, Maserverlauf) feststellen.

Die beiden Bohlen werden entlang einer gerade besäumten Kante verbunden, um eine Tischplatte zu erhalten. Wenn Sie festgestellt haben, welche Flächen sich spiegeln lassen, haben Sie zwei Möglichkeiten, die Bohlen anzuordnen. Positionieren Sie die Bohlen, sodass Sie die Maserung sehen können, und lassen Sie die Kanten überlappen. Dafür gibt es zwei Möglichkeiten, die unterschiedlich aussehende Tischplatten ergeben **(Abb. 2 und 3)**. Sie können nicht nur die Kanten auswählen, die sich überlappen sollen, Sie können auch die Breite der Überlappung verändern. So legen Sie fest, wo die Bohlen besäumt werden müssen, um sie verleimen zu können. Lassen Sie sich Zeit, um mit der Anordnung zu experimentieren und das Aussehen zu erhalten, das Ihnen am besten gefällt.

4 Reißen Sie die Lage der Besäumschnitte auf den Bohlen an.

5 Führen Sie die Schnitte mit der Handkreissäge und einer Führungsschiene aus. Das Sägeblatt sollte sehr scharf sein, um eine glatte Sägekante zu erhalten, die sich gut verleimen lässt.

Die Bohlen anordnen und zuschneiden

Beim Anreißen der Schnittlinien auf den Bohlen müssen Sie darauf achten, dass bei beiden Bohlen die gleiche Menge Material entfernt wird. Nur so ist das Maserbild bei der fertigen Tischplatte symmetrisch um die Mittelachse angeordnet. Messen Sie sorgfältig und reißen Sie dann die Schnittlinien an **(Abb. 4)**. Bei diesem Schritt wird durch die Materialmenge, die entfernt wird, auch die endgültige Breite der Tischplatte festgelegt.

Bei großen Bohlen lassen sich die Schnittkanten nicht mit dem Abrichthobel versäubern, deshalb ist es wichtig, schon beim Sägen eine glatte Kante zu erhalten. Die beste Lösung ist eine Handkreissäge mit Führungsschiene **(Abb. 5)**. Falls die Bohlen so klein sind, dass die Kanten an der Abrichthobelmaschine abgerichtet werden können, ist die Qualität des Sägeschnitts nicht so wichtig.

Auch in Hinsicht auf die Länge der Bohlen gibt es verschiedene Möglichkeiten. Zwei nacheinander aus einem Stamm geschnittene Bohlen sollten gleich lang sein. Sie können an den Enden auch Spuren der Kettensäge zeigen, mit der der Stammabschnitt auf Länge geschnitten wurde. Falls die vorhandenen Hirnholzkanten als Teil des fertigen Werkstücks beibehalten werden sollen, ist kein weiterer Ablängschnitt notwendig. Falls die Bohlen deutlich länger als die gewünschte Endlänge sind, werden sie mit etwa 50 mm Zugabe grob auf Länge geschnitten. Die hier verwendeten Bohlen haben an einem Ende jeweils eine Schnittkante von der Kettensäge und sind am anderen Ende mit der Handkreissäge grob auf Länge geschnitten.

Epoxidharz, wo es notwendig ist

Die Schwarznussbohlen, die hier gezeigt werden, sind sehr ausdrucksstark. Unter anderen sieht man einen sehr großen Rindeneinschluss und eine Vielzahl von Rissen. Falls Sie die Risse, Löcher und Vertiefungen in einer Tischplatte nicht stören, können Sie sie so belassen. Alternativ können Sie mit Epoxidharz eine nahtlos

6 Gießen Sie durchsichtiges Epoxidharz in Vertiefungen, die noch sichtbar sein sollen, wenn das Harz getrocknet ist.

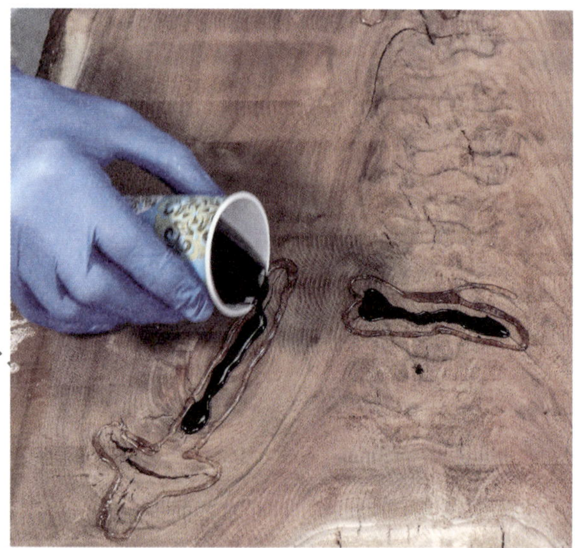

7 Mit farbigen Epoxidharz können Sie entweder auffallende Akzente setzen oder eine Fehlstelle an die Farbe des umgebenden Holzes angleichen.

8 Nehmen Sie überstehendes Harz mit der Bandschleifmaschine ab.

glatte Oberfläche herstellen. Die Rinde im Einschluss hat eine sehr interessante Textur, es wäre deshalb schade, den Einschluss vollkommen zu überdecken. Um die optische Tiefe des Einschlusses zu erhalten, wird durchsichtiges Harz verwendet **(Abb. 6)**. Die Risse in den Schwarznussbohlen sind als dunkle Linien im Holz zu erkennen. Verwenden Sie hier schwarz eingefärbtes Harz, um die Risse an das umgebende Holz anzugleichen **(Abb. 7)**. Wie meist bei der Verwendung von Epoxidharz ist dies eine eher ästhetische Entscheidung. Sie können genauso gut Harz mit einer anderen Färbung oder mit Mica-Pulver verwenden.

Lassen Sie das Harz trocknen, und schleifen Sie den Überstand ab **(Abb. 8)**. Mit der Bandschleifmaschine ist die Arbeit schnell erledigt, aber ein Exzenterschleifer ist ebenfalls geeignet. Fangen Sie mit 80er Schleifpapier an, und arbeiten Sie sich bis zur Körnung 220 hinauf.

9 Wenn man Lamello-Formfedern in die Verbindung einsetzt, ist es sehr viel leichter, die Bohlen zu verleimen. Sie sorgen dafür, dass die Oberflächen der Bohlen fluchten.

Verbindungen und Verleimung

Eine gut Breitenverleimung muss nicht verstärkt werden. Die heutigen Holzleime sind belastbarer als das Holz, das man mit ihnen verleimt. Wenn Sie jedoch Lamello-Formfedern in den Kanten anbringen **(Abb. 9)**, hilft das, die Oberflächen während des Verleimens aneinander auszurichten. Das ist bei großen Werkstücken wie dieser Tischplatte besonders wichtig. Falls die Oberflächen an der Leimfuge nicht fluchten, erfordert das später viel Schleifarbeit, um sie einzuebnen. Bringen Sie die Lamellos jeweils im Abstand von 150 mm bis 200 mm an.

Stecken Sie die Bauteile zur Kontrolle trocken zusammen. Geben Sie dann Leim an, und verleimen Sie die Tischplatte **(Abb. 10)**. Verleimzulagen aus Holz könnten an den Baumkanten der Bohlen Druckstellen

10 Verwenden Sie 50-mm-Hartschaum als Zulagen beim Verleimen der Tischplatte. Der Hartschaum schützt die Baumkante vor den Zwingen und gibt hinreichend nach, dass keine Druckstellen entstehen.

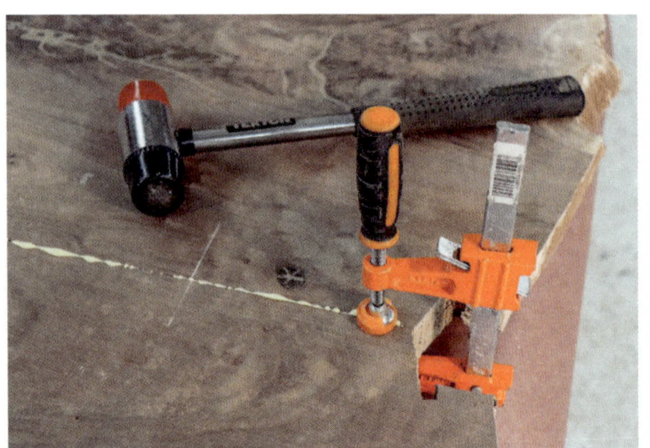

11 Setzen Sie an der Leimfuge Zwingen an, damit die Oberflächen fluchten.

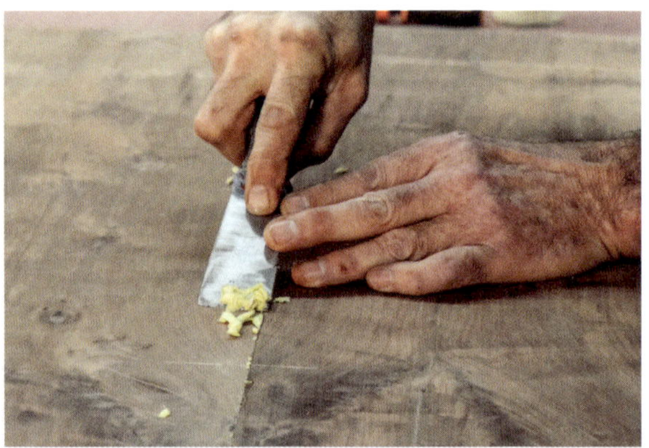

12 Lassen Sie ausgetretenen Leim antrocknen, bis er eine gummiähnliche Konsistenz hat, und schälen Sie ihn dann mit einem Spachtel ab.

hinterlassen. Verwenden Sie stattdessen 50 mm starken Hartschaum (im Baumarkt erhältlich) für die Zulagen. Sie sind stabil genug, um die Verbindung mit den Türenspannern zusammendrücken zu können, aber weich genug, um als Kissen zu dienen, sodass die Baumkanten nicht beschädigt werden. Bringen Sie an beiden Enden des Werkstücks jeweils über der Leimfuge eine kleinere Zwinge an **(Abb. 11)**. Dadurch werden die Oberflächen an den Enden der Bohlen fluchtend aneinander ausgerichtet. Richten Sie die Hirnholzenden der Bohlen auch in der Länge bündig aus, damit das Maserbild spiegelbildlich ausfällt. Indem Sie die Hirnholzenden aneinander ausrichten, befindet sich jedes Merkmal des Maserbilds auf der einen Seite genau gegenüber von seinem Gegenstück in der anderen Bohle.

Die bündige Ausrichtung des Hirnholzes ist auch wichtig, falls Sie vorhaben, die vorhandenen Enden der Bohlen so zu belassen, wie sie sind. Ziehen Sie die Türenspanner etwas an – nicht zu stark – und schlagen Sie mit dem Klüpfel vorsichtig auf das Hirnholz, bis die beiden Enden fluchten. Lassen Sie eventuell ausgetretenen Leim antrocknen, bis er eine gummiähnliche Konsistenz hat, und nehmen Sie ihn dann mit einem Spachtel ab **(Abb. 12)**. Die Zeit, die bis dahin verstreichen muss, hängt von den Bedingungen in Ihrer Werkstatt ab, wird aber meist etwa 15 Minuten betragen. Falls Sie den Spachtel in den Leim stecken und er noch flüssig ist, haben Sie nicht lange genug gewartet. Falls Sie dann dennoch weiterarbeiten, verschmieren Sie den feuchten Leim auf dem umgebenden Holz. Wenn Sie zu lange warten, ist der Leim so hart, dass er sich nicht mehr leicht abnehmen lässt. Wenn er die richtige Konsistenz hat, kann man ihn leicht mit dem Spachtel vom Holz abheben. Lassen Sie die Leimfuge danach gut trocknen, und nehmen Sie dann die Türenspanner ab.

Auf Länge schneiden und die Tischbeine anbringen

Falls Sie die vorhandenen Hirnholzkanten beibehalten möchten, müssen Sie die Tischplatte nicht auf Länge schneiden. Reißen Sie andernfalls die Endlänge auf der Platte an **(Abb. 13)**, und führen Sie die Schnitte mit der Stichsäge oder Handkreissäge aus **(Abb. 14)**. Sie können eine Führungsschiene verwenden, aber es ist nicht zwingend notwendig, da das Hirnholz nach dem

13 Reißen Sie in Endlänge die Hirnholzenden der Tischplatte an. Sie müssen nicht rechtwinklig abgeschnitten werden.

14 Sägen Sie die Bohle mit der Kreissäge oder elektrischen Stichsäge auf Endlänge.

15 Richten Sie das Tischgestell mittig auf der Unterseite der Tischplatte aus. Markieren Sie die Lage der Befestigungslöcher.

16 Langlöcher in den Tischbeinen erlauben es der Tischplatte, zu quellen und schwinden.

17 Eine Methode, die Tischbeine zu befestigen, besteht in der Verwendung von Rampamuffen (rechts). Die Muffe wird in die Tischplatte geschraubt, und nimmt eine Gewindeschraube auf.

18 Verwenden Sie einen mobilen Bohrständer, um die Löcher für die Rampamuffen zu bohren. Der Bohrständer sorgt dafür, dass die Löcher senkrecht gebohrt werden und ermöglicht auch die Einstellung der Bohrtiefe.

19 Geben Sie Wachs an das Außengewinde der Muffe, um sie leichter eindrehen zu können.

Sägen noch geschliffen wird. Der Sägeschnitt muss nicht absolut gerade sein. Falls das andere Ende noch Spuren des ursprünglichen Kettensägeschnitts zeigen soll (wie in diesem Beispiel), dann sieht es sogar vielleicht besser aus, wenn man den Schnitt in einem leichten Winkel oder Bogen verlaufen lässt. Zeichnen Sie verschiedene Möglichkeiten, um etwas zu finden, das Sie anspricht, bevor Sie den Schnitt ausführen.

Stellen Sie die Tischbeine auf die Unterseite der Tischplatte, und reißen Sie die Position der Bohrungen für die Befestigung an **(Abb. 15)**. Die Tischbeine sind mit Langlöchern versehen **(Abb. 16)**, damit das Holz der Tischplatte arbeiten kann. Die Schrauben sollten in der Mitte der Langlöcher angebracht werden, um den größtmöglichen Spielraum zu beiden Seiten zu erhalten.

Rampamuffen (Einschraubmuttern) sind eine gute Möglichkeit, Beine an Tischplatten zu befestigen **(Abb. 17)**. Die Rampamuffen werden in die Tischplatte eingeschraubt, und die Beine werden mit Muttern in ihnen befestigt. Falls der Tisch transportiert werden muss, lassen sich die Beine leicht abnehmen. Das ist vor allem bei sehr großen Tischen mit Platten aus Bohlen außerordentlich nützlich. Man kann auch Holzschrauben verwenden, die sich zur Demontage herausdrehen lassen. Allerdings bieten sie im Gegensatz zu Rampamuffen bei mehrfacher Montage und Demontage keinen festen Sitz im Holz mehr.

20 Drehen Sie die Muffe mit einer Ratsche ein. Achten Sie darauf, die Muffe genau senkrecht ins Holz zu drehen.

Die Einschraubmuttern sind als Verbindungsmittel zudem belastbarer. Richten Sie sich nach den Herstellerangaben für den Durchmesser der Aufnahmebohrung. Am besten lassen sich die Bohrungen mit einem mobilen Bohrständer anbringen **(Abb. 18)**, mit dem

21 Die Oberkante der Rampamuffe sollte etwas unterhalb des umgebenden Holzes liegen.

22 Scharfe Kanten können stören, wenn man an einem Tisch sitzt. Sie sollten deshalb durch Schleifen etwas gebrochen werden.

man genau senkrecht und genau bis zur gewünschten Tiefe bohren kann. Bohren Sie die Aufnahmen in der Mitte der Langlöcher, die Sie angerissen haben. Drehen Sie eine Mutter auf die Befestigungsschraube, ziehen Sie sie gegen die Rampamuffe, und geben Sie etwas Wachs auf das Außengewinde der Muffe **(Abb. 19)**. Das Wachs erleichtert das Eindrehen der Muffe in die Bohrungen, und die Mutter erlaubt es, eine Ratsche zum Eindrehen zu verwenden **(Abb. 20)**. Drehen Sie die Muffe so weit ein, dass sie etwas unterhalb des umgebenden Holzes sitzt **(Abb. 21)**. Verwenden Sie einen Schraubenschlüssel, um die Mutter zu lockern, und drehen Sie die Schraube aus der Rampamuffe.

Schleifen und Oberflächenbehandlung

Eine raue und scharfe Rinde an der Kante einer Tischplatte **(Abb. 22)** kann störend sein, wenn man an dem Tisch sitzt. Mit einem Schleifmopp kann man die Rinde zwar etwas glätten, aber er entfernt vielleicht nicht genug Material. Anstatt die Rinde mit dem Ziehmesser vollkommen zu entfernen, können Sie die scharfen Kanten auch mit einer Schleifscheibe und der Bohrmaschine entfernen **(Abb. 23)**. Beginnen Sie mit einer 80er Körnung. Die Schleifscheibe erlaubt es Ihnen, die

23 Schleifen Sie die scharfen Baumkanten mit einem Schleifteller und die Flächen der Bohle mit einem Exzenterschleifer.

24 Legen Sie die Tischplatte mit der Unterseite nach oben auf eine Werkbank, und bringen Sie das Tischgestell an. Legen Sie auf jeden Fall weiches Material auf die Arbeitsfläche, um die Oberfläche der Tischplatte zu schützen.

Konturen der Rinde freihändig zu formen und so das organische Aussehen der ursprünglichen Baumkante beizubehalten.

Nachdem Sie auf diese Weise die Kanten geformt haben, werden sie und der Rest des Tischs mit dem Exzenterschleifer geschliffen. Tragen Sie dann ein Oberflächenmittel Ihrer Wahl auf – auch auf die Ober- und Unterseite der Tischplatte. Warten Sie, bis das Oberflächenmittel getrocknet ist, und befestigen Sie dann das Gestell an der Unterseite des Tischs **(Abb. 24)**. Lassen Sie sich von einem Freund helfen, wenn Sie den Tisch umdrehen und aufstellen. Laden Sie ihn zum Dank zu einem Festmahl an dem Tisch ein.

Werkzeug & Co

Qualitätswerkzeug erhalten Sie im lokalen Werkzeughandel, den es vielerorts noch gibt – oder im Internet u. a. bei:

- **Dictum:** www.dictum.com. Dictum hat auch Ladengeschäfte in München und Plattling
- **Feine Werkzeuge:** www.feinewerkzeuge.de
- **Sauter Shop:** www.sautershop.de

Auch die Mehrzahl des im Buch gezeigten Spezial-Zubehörs bekommen Sie bei einer oder mehreren der genannten Adressen. Einige weitere Hinweise:

Die kommerzielle **Planfräsvorrichtung** (S. 27) ist bei sautershop erhältlich.

Zinkenschablonen (S. 53–59 und 111–113) der Fa. Slabstitcher (die der Autor nennt) sind nach unserer Kenntnis nicht in Deutschland erhältlich. Sie bekommen solche Schablonen aber bei den o. g. Versendern oder Sie googeln nach den Stichworten Butterfly Schablone, Schwalbenschwanz Marker, Schwalbenschwanz Schablone

In der Schweiz: https://ultimus.ch/product/schwalbenschwanz-schablone-15-18/

Schleifmops (S. 31) bekommen Sie im Fachhandel für Drechselbedarf, z.B. bei: Drechselzentrum Erzgebirge Steinert in Olbernhau, www.drechslershop.de, (nach „Schleifstern" oder „Schleifwalze" suchen), auch Ladengeschäft.

Schwalbenschwanzzwingen (aus dem Kapitel „Regal mit Stahlrohren") von der Fa. MatchFit gibt es u. a. bei den drei o. g. Händlern.

Bücher und Videos

Viele der im Buch benutzten Elektrowerkzeuge werden hier ausführlich behandelt: **Handbuch Elektrowerkzeuge** von Guido Henn, 384 Seiten, Hardcover, inkl. Video-DVD

Eine gründliche Einführung in die klassischen Methoden der Oberflächenbehandlung von Holz gibt: **Oberflächen behandeln** von Melanie Kirchlechner, 204 Seiten, Hardcover,

Etwas kompakter zum gleichen Thema ist der **Werkstatt-Kurs Oberfläche** von Melanie Kirchlechner und Heiko Rech. 120-min Video auf DVD plus 46 Seiten Broschur mit einigen Zusatztexten.

Ein umfangreiches Holz-Lexikon (über 200 Arten) mit den Eigenschaften und Verwendungen der einzelnen Hölzer: **Holz erkennen und benutzen** von Terry Porter, 288 Seiten, Hardcover

Alle genannten sind bei Holzwerken erschienen. Unter www.holzwerken.net/shop gibt es zu jedem Titel Leseproben.

Höhe von Möbeln	
Für die Entwicklung eigener Projekte mag es nützlich sein, die üblichen Höhen verschiedener Möbelstücke zu kennen.	
Bänke	46–50 cm
Couchtische	Gleiche Höhe oder 5 cm niedriger als der benachbarte Sofasitz, normalerweise 25cm bis 46 cm.
Schreibtisch	71–76 cm
Esstische	71–76 cm
Beistelltische	Höhe der Armlehne des nächstgelegenen Stuhls oder Sofas, in der Regel 60–80 cm
Oberflächenbehandlung	Grundierung mit Schellack, Endbehandlung mit Lack auf Wasserbasis

A
Arbeiten des Holzes 123

B
Bänke
  Höhe von Möbeln 163
  Bank mit Rotwildspuren 100–107
Baumstämme zu Bohlen auftrennen 14–19
Bohlen abrichten
  mit der Handoberfräse 23–27
  mit Richtscheiten 28–30
  nachfolgendes Schleifen/Hobeln 29, 31
Bohlen vorbereiten 20–31
  Siehe auch Holztrocknung; vom Stamm zum Rohholz
  auf Ebenheit prüfen 22
  Holzfeuchte und 22
  Kantenbehandlung 30–31
  mit der Handoberfräse abrichten 23–27
  mit Richtscheiten abrichten 28–30
  Rinde 30,31

C
Couchtisch aus einer Baumscheibe 98–105

E
Einfachschnitt 14
Epoxid und Bohlen 32–43
  ‚Holzfehler' und Epoxid 32
  Aufschnittplatten mit Epoxidakzenten 80–87
  Epoxidharz anmischen und eingießen 39–41
  Große Fehlstellen füllen 42–43
  Mit farbigem Harz arbeiten 34
  Risse mit Farbe füllen 42–43
  Verputzen und schleifen nach dem Aushärten 40–41
  Vorbereitung des Epoxidharzes 36–38
Esstisch mit spiegelbildlicher Maserung 150–161

F
Fehlstellen mit Epoxidharz füllen. *Siehe Epoxid und Bohlen*
Führungsschiene für Handkreissäge, Eigenbau 74–75

G
Gehrungsschnitte/Verbindungen auf Gehrung.
Siehe Wasserfalleffekt

H
Hobeln *Siehe Schleifen/Hobeln*
Holzfeuchte 14, 18, 22
Holztrocknung
  Dauer des Trocknungsvorgangs 18
  Holzfeuchte und Holztrocknung 14, 18, 22
  Holztrocknung bei Stämmen verlangsamen 15
  Lufttrocknung und technische Trocknung 18
  Reißen, Verziehen und Werfen vermeiden 22
  Stapeln und Stapelleisten bei der Holztrocknung 19
  Versiegeln von Brettern/Bohlen, um das Trocknen zu verlangsamen 18
  von Brettern und Bohlen 14, 15, 18, 19

K
Kantenbehandlung 30, 31

L
Lacke 76, 77

Lackiertes Gestell für Schreibtisch 118–129
Lebensmitteltaugliche Oberflächenmittel 76–77, 87

M
Magnetischer Messerhalter 88–99

Mit farbigem Harz arbeiten 34–35, 42–43
  Siehe auch Epoxid und Bohlen; zweifarbige Schwalben

O
Oberflächenbehandlung 76–77, 87, 127, 160

P
Pigmente, Hinzufügen zu Epoxidharz 34–35

Q
Quartierschnitt 14

R
Regale
  Regal mit Stahlrohren (mit besäumten Regalbrettern) 116–23
  Schwebendes Regal 124–31
Ressourcen (Literatur, Bezugsquellen) 162
Richtscheite, für das Abrichten von Bohlen 22
Risse 14, 22, 36, 38, 42–43, 46–52, 110, 120, 132, 153–154
  mit Epoxid füllen: *Siehe Epoxid und Bohlen*
  vermeiden durch Trocknung 22
Rohholz mit der Bandsäge einschneiden 15
Rohholz mit der Kettensäge einschneiden 20–21

S
Schleifen/Hobeln
  eingepasster Schwalben 53
  Von Gehrungsverbindungen 72–73
  nach Abrichten der Bohlen 27–28
  nach Aushärten des Epoxids 41
  zweifarbige Schwalben 58–59
Schlüssellochaufhängungen 97–99
Schreibtisch mit lackiertem Gestell 118–129
Schreibtische, Höhe 163

Schwalben 44–59
  Siehe auch Couchtisch aus einer Baumscheibe
  Einführung 44, 46
  Aussparungen für Schwalben schneiden 50–57
  einpassen und verleimen 50–52, 57
  Größe 46–49
  Lage auf der Bohle 47–49
  mit Schablonen anfertigen 53–57
  selbst herstellen 46–53
Schwebendes Regal 140–149

T
Tische
  Arbeiten des Holzes bei Tischplatten 123
  Beispiele 8–11,
  Couchtisch aus einer Baumscheibe 98–105
  Esstisch mit spiegelbildlicher Maserung 132–41
  Haarnadelbeine für Tische 115–117
  Höhe 163
  Schreibtisch mit lackiertem Gestell 118–129
  überbrücken *Siehe: Schwalben*

V
Verbindungen mit Lamellos 67, 69, 104, 124–125, 112,136–37

Verwerfungen.
  mit der Handoberfräse abrichten 23–27
  mit Richtscheiten abrichten 28–29
  vermeiden 22
  Siehe auch: Risse
Vom Stamm zum Rohholz
  Überblick 12
  Bohlen selbst herrichten 15–17
  Einfachschnitt 14
  Eingeschnittene Stämme trocknen 18, 19
  Quartierschnitt 14
  Rohholz mit der Bandsäge einschneiden 15
  Rohholz mit der Kettensäge einschneiden 16
  Stämme auftrennen 14–19
  Versiegeln von Brettern/Bohlen, um das Trocknen zu verlangsamen 19
Vorbereitung des Holzes. *Siehe vom Stamm zum Rohholz*
Vorrichtungen
  Führungsschiene für die Handkreissäge 74–75
  für die Oberfräse, zum Abrichten von Bohlen 23–27
  für die Oberfräse, zum Fräsen von Nuten 92
  zum Besäumen 134

W
Wasserfalleffekt 60–73
  Einführung 60
  Führungsschiene für Gehrungsschnitte 74–75
  Füße an den Beinen anarbeiten 67
  Gehrungsschnitt anreißen 63
  Gehrungsschnitte 64
  Gehrungsverbindungen nacharbeiten 71–73
  Gehrungsverbindungen und Kanten schleifen 72–73
  Gehrungsverbindungen verstärken 67
  Länge der Beine 65
  Montage der Gehrungsverbindung 68–70
  Oberflächenbehandlung 66–67
  Siehe auch: Bank mit Rotwildspuren
Werfen des Holzes
  mit der Handoberfräse abrichten 23–27
  mit Richtscheiten abrichten 28–29
  vermeiden 22
Werkstücke
  Aufschnittplatten mit Epoxidakzenten 80–89
  Bank mit Rotwildspuren 100–109
  Couchtisch aus einer Baumscheibe 108–117
  Esstisch mit spiegelbildlicher Maserung 150–161
  Magnetischer Messerhalter 88–99
  Regal mit Stahlrohren 130–139
  Schreibtisch mit lackiertem Gestell 118–129
  Schwebendes Regal 140–149

Z
zweifarbige Schwalben 58

Impressum

Übersetzung: Michael Auwers, Dassel

Produktion: Print Media Network, Oldenburg
Printed in Europe

ISBN 978-3-7486-0659-8
Best.-Nr. 22114

HolzWerken –
Ein Imprint von Vincentz Network GmbH & Co. KG
Plathnerstr. 4c, 30175 Hannover
www.holzwerken.net

Weitere Materialien kostenlos online verfügbar!

http://www.holzwerken.net/bonus

Ihr exklusiver Bonus an Informationen!
Zusätzlich zu diesem Buch bietet Ihnen *HolzWerken* Bonus-Material zum Download an.
Scannen Sie den QR-Code oder geben Sie den Buch Code unter www.holzwerken.net/bonus ein und erhalten Sie kostenfreien Zugang zu Ihren persönlichen Bonus-Materialien!

Buch-Code: TE1177